DIGITAL
CONSTRUCTION

"十三五"国家重点图书出版规划项目
中国工程院重点咨询项目（2019-XZ-029）
国家"十三五"重点研发计划项目（2018YFC0705800）
上海超高层建筑智能建造工程技术研究中心（19DZ2252100）

丛书编委会主任 | 丁烈云

国家出版基金项目
NATIONAL PUBLICATION FOUNDATION

数字建造 | 实践卷

上海中心大厦数字建造技术应用

The Application of Digital Construction Technology to Shanghai Center

龚 剑 朱毅敏 | 著

Jian Gong，Yimin Zhu

中国建筑工业出版社

图书在版编目（CIP）数据

上海中心大厦数字建造技术应用/龚剑，朱毅敏著. — 北京：中国建筑
工业出版社，2019.12

（数字建造）

ISBN 978-7-112-24516-1

Ⅰ.①上…　Ⅱ.①龚…②朱…　Ⅲ.①数字技术－应用－超高层建筑－建
筑施工－上海　Ⅳ.①TU974-39

中国版本图书馆CIP数据核字（2019）第283586号

上海中心大厦建造阶段创新实践了以智能建造为目标的"四化一建造"（信息
化、物流化、工业化、数据化及智能建造）理念，为数字化建造技术的发展提供了丰
富的技术依据。本书共分为7章，系统地对上海中心大厦数字化建造的全过程进行了
介绍和分析。主要内容包括：数字化建造概况、数字化深化设计、地基基础工程数字
化建造技术、主体结构工程数字化建造技术、大型设备设施数字化施工技术、模架装
备数字化管控技术、数字化施工管理。

总　策　划：沈元勤
责任编辑：赵晓菲　朱晓瑜
助理编辑：张智芊
责任校对：王　瑞
书籍设计：锋尚设计

数字建造｜实践卷

上海中心大厦数字建造技术应用

龚剑　朱毅敏　著

*

中国建筑工业出版社出版、发行（北京海淀三里河路9号）

各地新华书店、建筑书店经销

北京锋尚制版有限公司制版

北京雅昌艺术印刷有限公司印刷

*

开本：787×1092毫米　1/16　印张：14½　字数：265千字

2019年12月第一版　2019年12月第一次印刷

定价：120.00元

ISBN 978－7－112－24516－1

（35187）

《数字建造》丛书编委会

——————— 专家委员会 ———————

主任：钱七虎

委员（按姓氏笔画排序）：

丁士昭　王建国　卢春房　刘加平　孙永福　何继善　欧进萍

孟建民　胡文瑞　聂建国　龚晓南　程泰宁　谢礼立

——————— 编写委员会 ———————

主任：丁烈云

委员（按姓氏笔画排序）：

马智亮　王亦知　方东平　朱宏平　朱毅敏　李　恒　李一军

李云贵　吴　刚　何　政　沈元勤　张　建　张　铭　邵韦平

郑展鹏　骆汉宾　袁　烽　徐卫国　龚　剑

丛书序言

伴随着工业化进程，以及新型城镇化战略的推进，我国城市建设日新月异，重大工程不断刷新纪录，"中国制造、中国创造、中国建造共同发力，继续改变着中国的面貌"。

建设行业具备过去难以想象的良好发展基础和条件，但也面临着许多前所未有的困难和挑战，如工程的质量安全、生态环境、企业效益等问题。建设行业处于转型升级新的历史起点，迫切需要实现高质量发展，不仅需要改变发展方式，从粗放式的规模速度型转向精细化的质量效率型，提供更高品质的工程产品；还需要转变发展动力，从主要依靠资源和低成本劳动力等要素投入转向创新驱动，提升我国建设企业参与全球竞争的能力。

现代信息技术蓬勃发展，深刻地改变了人类社会生产和生活方式。尤其是近年来兴起的人工智能、物联网、区块链等新一代信息技术，与传统行业融合逐渐深入，推动传统产业朝着数字化、网络化和智能化方向变革。建设行业也不例外，信息技术正逐渐成为推动产业变革的重要力量。工程建造正在迈进数字建造，乃至智能建造的新发展阶段。站在建设行业发展的新起点，系统研究数字建造理论与关键技术，为促进我国建设行业转型升级、实现高质量发展提供重要的理论和技术支撑，显得尤为关键和必要。

数字建造理论和技术在国内外都属于前沿研究热点，受到产学研各界的广泛关注。我们欣喜地看到国内有一批致力于数字建造理论研究和技术应用的学者、专家，坚持问题导向，面向我国重大工程建设需求，在理论体系建构与技术创新等方面取得了一系列丰硕成果，并成功应用于大型工程建设中，创造了显著的经济和社会效益。现在，由丁烈云院士领衔，邀请国内数字建造领域的相关专家学者，共同研讨、组织策划《数字建造》丛书，系统梳理和阐述数字建造理论框架和技术体系，总结数字建造在工程建设中的实践应用。这是一件非常有意义的工作，而且恰逢其时。

丛书涵盖了数字建造理论框架，以及工程全生命周期中的关键数字技术和应用。其内容包括对数字建造发展趋势的深刻分析，以及对数字建造内涵的系统阐述；全面探讨了数字化设计、数字化施工和智能化运维等关键技术及应用；还介绍了北京大兴国际机场、凤凰中心、上海中心大厦和上海主题乐园四个工程实践，全方位展示了数字建造技术在工程建设项目中的具体应用过程和效果。

　　丛书内容既有理论体系的建构，也有关键技术的解析，还有具体应用的总结，内容丰富。丛书编写者中既有从事理论研究的学者，也有从事工程实践的专家，都取得了数字建造理论研究和技术应用的丰富成果，保证了丛书内容的前沿性和权威性。丛书是对当前数字建造理论研究和技术应用的系统总结，是数字建造研究领域具有开创性的成果。相信本丛书的出版，对推动数字建造理论与技术的研究和应用，深化信息技术与工程建造的进一步融合，促进建筑产业变革，实现中国建造高质量发展将发挥重要影响。

　　期待丛书促进产生更加丰富的数字建造研究和应用成果。

中国工程院院士
2019年12月9日

丛书前言

我国是制造大国，也是建造大国，高速工业化进程造就大制造，高速城镇化进程引发大建造。同城镇化必然伴随着工业化一样，大建造与大制造有着必然的联系，建造为制造提供基础设施，制造为建造提供先进建造装备。

改革开放以来，我国的工程建造取得了巨大成就，阿卡迪全球建筑资产财富指数表明，中国建筑资产规模已超过美国成为全球建筑规模最大的国家。有多个领域居世界第一，如超高层建筑、桥梁工程、隧道工程、地铁工程等，高铁更是一张靓丽的名片。

尽管我国是建造大国，但是还不是建造强国。碎片化、粗放式的建造方式带来一系列问题，如产品性能欠佳、资源浪费较大、安全问题突出、环境污染严重和生产效率较低等。同时，社会经济发展的新需求使得工程建造活动日趋复杂。建设行业亟待转型升级。

以物联网、大数据、云计算、人工智能为代表的新一代信息技术，正在催生新一轮的产业革命。电子商务颠覆了传统的商业模式，社交网络使传统的通信出版行业备感压力，无人驾驶让人们憧憬智能交通的未来，区块链正在重塑金融行业，特别是以智能制造为核心的制造业变革席卷全球，成为竞争焦点，如德国的工业4.0、美国的工业互联网、英国的高价值制造、日本的工业价值网络以及中国制造2025战略，等等。随着数字技术的快速发展与广泛应用，人们的生产和生活方式正在发生颠覆性改变。

就全球范围来看，工程建造领域的数字化水平仍然处于较低阶段。根据麦肯锡发布的调查报告，在涉及的22个行业中，工程建造领域的数字化水平远远落后于制造行业，仅仅高于农牧业，排在全球国民经济各行业的倒数第二位。一方面，由于工程产品个性化特征，在信息化的进程中难度高，挑战大；另一方面，也预示着建设行业的数字化进程有着广阔的前景和发展空间。

一些国家政府及其业界正在审视工程建造发展的现实，反思工程建造面临的问题，探索行业发展的数字化未来，抢占工程建造数字化高地。如颁布建筑业数字化创新发展路线图，推出以BIM为核心的产品集成解决方案和高效的工程软件，开发各种工程智能机器人，搭建面向工程建造的服务云平台，以及向居家养老、智慧社区等产业链高端拓展等等。同时，工程建造数字化的巨大市场空间也吸引众多风险资本，以及来自其他行业的跨界创新。

我国建设行业要把握新一轮科技革命的历史机遇，将现代信息技术与工程建造深度融合，以绿色化为建造目标、工业化为产业路径、智能化为技术支撑，提升建设行业的建造和管理水平，从粗放式、碎片化的建造方式向精细化、集成化的建造方式转型升级，实现工程建造高质量发展。

然而，有关数字建造的内涵、技术体系、对学科发展和产业变革有什么影响，如何应用数字技术解决工程实际问题，迫切需要在总结有关数字建造的理论研究和工程建设实践成果的基础上，建立较为完整的数字建造理论与技术体系，形成系列出版物，供业界人员参考。

在时任中国建筑工业出版社沈元勤社长的推动和支持下，确定了《数字建造》丛书主题以及各册作者，成立了专家委员会、编委会，该丛书被列入"十三五"国家重点图书出版计划。特别是以钱七虎院士为组长的专家组各位院士专家，就该丛书的定位、框架等重要问题，进行了论证和咨询，提出了宝贵的指导意见。

数字建造是一个全新的选题，需要在研究的基础上形成书稿。相关研究得到中国工程院和国家自然科学基金委的大力支持，中国工程院分别将"数字建造框架体系"和"中国建造2035"列入咨询项目和重点咨询项目，国家自然科学基金委批准立项"数字建造模式下的工程项目管理理论与方法研究"重点项目和其他相关项目。因此，《数字建造》丛书也是中国工程院战略咨询成果和国家自然科学基金资助项目成果。

《数字建造》丛书分为导论、设计卷、施工卷、运营维护卷和实践卷，共12册。丛书系统阐述数字建造框架体系以及建筑产业变革的趋势，并从建筑数字化设计、工程结构参数化设计、工程数字化施工、建筑机器人、建筑结构安全监测与智能评估、长大跨桥梁健康监测与大数据分析、建筑工程数字化运维服务等多个方面对数字建造在工程设计、施工、运维全过程中的相关技术与管理问题进行全面系统研究。丛书还通过北京大兴国际机场、凤凰中心、上海中心大厦和上海主题乐园四个典型工程实践，探讨数字建造技术的具体应用。

《数字建造》丛书的作者和编委有来自清华大学、华中科技大学、同济大学、东南大学、大连理工大学、香港科技大学、香港理工大学等著名高校的知名教授，也有中国建筑集团、上海建工集团、北京市建筑设计研究院等企业的知名专家。从2016年3月至今，经过诸位作者近4年的辛勤耕耘，丛书终于问世与众。

衷心感谢以钱七虎院士为组长的专家组各位院士、专家给予的悉心指导，感谢各位编委、各位作者和各位编辑的辛勤付出，感谢胡文瑞院士、丁士昭教授、沈元勤编审、赵晓菲主任的支持和帮助。

将现代信息技术与工程建造结合，促进建筑业转型升级，任重道远，需要不断深入研究和探索，希望《数字建造》丛书能够起到抛砖引玉作用。欢迎大家批评指正。

《数字建造》丛书编委会主任
2019年11月于武昌喻家山

本书前言

随着计算机、网络等技术的发展，信息技术在工程领域得到了广泛的应用，取得了丰硕的成果，以BIM、有限元分析、物联网、互联网等为代表的新兴信息技术正悄然改变着工程建造的模式，推动着工程建设向数字化方向转变。

由上海建工集团承建的上海中心大厦，位于陆家嘴金融贸易区中心，总高632m，总建筑面积57.8万m²，主楼地上127层、地下5层，建筑外观旋转120°，为中国第一、世界第二高楼，是集办公、商业、酒店、观光于一体的摩天大楼。上海中心大厦建造阶段创新实践了以智能建造为目标的"四化一建造"（信息化、物流化、工业化、数据化及智能建造）理念，为数字化建造技术的发展提供了丰富的技术依据。数字化建造技术的应用，降低了设计和施工的难度，能够从科技角度更好地诠释其建筑理念，更好地完成设计，更顺利地完成施工。BIM的应用可以让所有专业共享BIM模型，提高了参建各方的沟通效率，极大地降低了沟通难度。BIM的应用，从全生命周期的角度出发，能够有效地控制项目过程工程信息的采集、加工、存储、交流，对控制施工进度和成本有很大作用。上海中心大厦BIM的开创性应用，对建筑工程在科技创新方面起到引领和示范的作用，带动和影响了整个行业的发展。

在各参建单位的共同努力下，通过在工程实施中不断探索和改进，数字化建造技术得以在上海中心大厦顺利应用，并总结出了大量宝贵的经验。本书中数字化建造方法对类似工程的实施、技术研究等方面具有广泛的借鉴意义，可以对类似大型工程的数字化建造提供参考。

本书共分为7章，系统地对上海中心大厦数字化建造的全过程进行了介绍和分析。第1章数字化建造概况，主要介绍了工程概况、数字化建造技术体系及实施效果；第2章数字化深化设计，从钢结构、幕墙系统、机电系统和室内装饰四个方面着手介绍了一体化深化设计及施工图出图；第3章地基基础工程数字化建造技术，介绍了超深桩数字化施工技术、地下连续墙施工技术、承压水减压降水环境影响模拟技术、深基坑施工变形环境影响模拟技术及基坑变形可视化监控与预警平台系统；第4章主体结构工程数字化建造技术，对大体积混凝土、混凝土超高泵送、钢结构工程、机电工程、装饰装修工程数字化建造技术及超高结构数字化施工控制技术进行了详细的介绍；第5章大型设备设施数字化施工技术，对施工电梯数字化管控技术、大型塔吊数字化施工技术、超高空操作平台数字化施工技术进行了详细介绍；第6章模架装备数字化管控技术，对整体钢平台数字化设计技术、整体钢平台系统全过程力学性能模拟、实时监测及可视化控制技术及整体钢平台模架系统虚拟仿真技术进行了详细介绍；第7章数字化施工管理，对施工进度编写、审核、对比和优化，及施工方案三维可视化模拟、数字化材料采购管理和物流跟踪、工程总承包协同管理系统进行了详细介绍。

在本书撰写过程中陈晓明、吴德龙、连珍、吴小建、周虹、黄玉林、刘子田、张晶、严再春、吴洁妹、扶新立、凌旭辉等人为本书提供了大量有益的素材；房霆宸、潘健、贾宝荣、徐磊、朱刚、潘峰、李鑫奎、申青峰、许花、陈松、龙凯、金晶、陈峰军、张旭、李永强、秦鹏飞等人为本书的整理做了大量的工作，作者对以上人员给予的大力帮助表示诚挚的谢意。作者希望通过对上海中心大厦数字化建造技术应用的介绍，力求将工程实施中总结的宝贵经验分享给读者，但限于作者水平有限，难免挂一漏万，忽略更多值得加重笔墨的地方，疏漏与错误之处，还望广大读者不吝赐教。

著者

2019年11月

目录｜Contents

CHAP

1

第1章

数字化建造概况

1.1 工程概况

上海中心大厦位于陆家嘴金融中心Z3-1、Z3-2地块，东侧为东泰路，紧邻环球金融中心大厦；北侧为花园石桥路，面对金茂大厦；西侧为银城中路，南侧为陆家嘴环路。工程地理位置如图1-1所示。基地面积3.0万m²，地下5层，地上127层，建筑高度632m，

图1-1　工程地理位置

总建筑面积57.8万m²，其中地上建筑面积41.1万m²，地下建筑面积16.7万m²。

1.1.1 建筑概况

上海中心大厦集甲级办公、超五星酒店、精品商业、观光、文化休闲娱乐为一体，以"高标准、高效率、低能耗、低排放"的设计理念，打造具有"中国绿色三星"和"美国LEED金奖"的绿色建筑。如图1-2所示，主楼采用造型极为复杂的龙形螺旋上升外观，竖向共分9个区：1区与裙房连通，为办公楼和酒店大堂；2～6区为5A写字楼，在各区的第一层设置空中花园，具体楼层为8层、22层、37层、52层和68层，如图1-3所示；超五星级酒店及精品办公区设置在7～8区，其中，101层为酒店大堂；9区为塔冠区，主要功能为观光层、阻尼器用房和其他设备用房，观光层位于118层和119层，在125层和126层设置阻尼器。裙房位于塔楼东、西、北三侧，主要功能为会议中心、餐饮、精品商业及宴会厅。

本工程设5层地下室，地下3～5层主要功能为停车库、后勤服务用房及少量设备用房；地下1～2层为商业、观光厅入口以及主要设备用房等。同时在地下设置地下通道与金茂大厦、环球金融中心连通。裙房建筑立面效果丰富，外幕墙以双曲面、无规律扭曲面分布于裙房各个立面，如图1-4所示。

上海中心大厦主楼整体外观采用了极具中国特色的龙形螺旋上升造型，建筑外立面设置由上至下贯通的缺口，缺口平面位置整体旋转120°，如图1-5所示。幕墙系统采用罕见的内外双幕墙体系，内外幕墙之间设外幕墙支撑系统，如图1-6所示。外幕墙玻璃板块呈阶梯式分布，在功能上融合了围护系统、散热系统、灯光系统和航空障碍灯系统，其基本体系为"横明竖隐单元式铝框玻璃幕墙"，

图1-2 主楼楼层分布情况 图1-3 主楼空中花园 图1-4 裙房和裙房幕墙

图1-5 主楼外幕墙 图1-6 主楼内外幕墙

由精确匹配的20327个异形板块组成扭曲双曲造型的塔楼外立面，总面积约14万m²。内幕墙分布在2~8区标准层楼板外侧，呈圆形，与外幕墙组合形成每区造型各异的中庭空间。

1.1.2 结构概况

上海中心大厦主楼在结构设计上采用了钢筋混凝土核心筒+巨型钢结构外框，为承担超高巨型结构引起的远超常规建筑的自重、风荷载及地震等作用效应，本项目在主楼之下布置了955根约86m长的φ1000mm钻孔灌注桩，混凝土设计强度为水下C45，单桩抗压承载力标准值为10000kN。

主楼混凝土结构高度580m。核心筒为劲性钢筋混凝土结构，平面布置由"九宫格"逐渐过渡为"十字格"，核心筒墙体厚度0.5~1.2m，混凝土设计强度为

C60。外框周边布置了8根贯通结构全高的巨型柱和4根贯通1~5区的角柱,均为型钢混凝土组合结构,其混凝土强度为C50~C70,钢材强度Q345GJC。巨柱与角柱均为斜柱,向核心筒一侧内倾布置,随高度增加截面逐渐缩小。主楼2区及4~8区的设备层/避难层设置2层高的外伸臂桁架,外伸臂桁架连接巨柱和核心筒,并穿过核心筒和巨柱外挑。在1~9区的每个分区都设置2层高的环状桁架组连接巨柱及角柱,环状桁架和核心筒间设置1层高的楼层桁架;楼面结构为钢结构梁+组合楼板。屋顶皇冠结构为钢结构体系,主要由各类竖向和水平桁架组成,如图1-7所示。

裙房地上5层,采用钢结构框架结构,大空间部分采用桁架结构,部分楼层采用下挂结构,入口部分架空,采用悬挑形式,悬挑长度达12m。裙房桩基共1680根,其中416根为ϕ1000mm钻孔灌注桩,混凝土设计强度为水下C45,单桩抗压承载力标准值为8000kN,单桩抗拔承载力标准值为2830kN;1264根为ϕ700mm钻孔灌注桩,混凝土设计强度为水下C30,单桩抗压承载力标准值为3100kN,单桩抗拔承

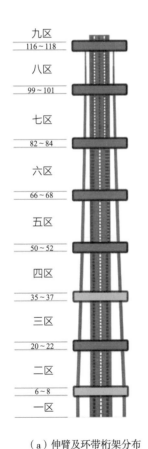

（a）伸臂及环带桁架分布

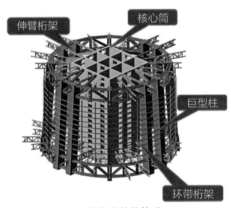

（b）抗侧力结构体系

（c）皇冠结构体系

图1-7　主体结构类型

载力标准值为1960kN。

外幕墙的钢结构支撑结构体系由分层设置的水平周边曲梁、径向支撑、钢吊杆以及滑移支座组成，如图1-8所示。周边曲梁承受幕墙重力荷载，径向水平支撑传递外幕墙的水平荷载至结构楼板，在曲梁和水平支撑相交的位置均布置2根高强吊杆，将区内所有水平曲梁悬吊于每区上部的伸臂桁架上。滑移支座允许水平周边曲梁上下活动，也可以提供抗扭约束。

图1-8 外幕墙支撑结构

1.1.3 机电工程概况

机电工程涵盖水、电、风等各个专业，还包括电梯、扶梯、擦窗机等系统。机电系统由给水排水系统、消防系统、空调通风系统、供电和照明系统、智能化系统等组成。机电系统各类子系统众多，组合应用方式多变，形成了庞大复杂的特性。

给水排水系统包括：室内外给水系统、室内热水系统、中水系统、雨水系统、设备机房补水系统等。消防系统包括：室内消火栓灭火系统、室内喷淋灭火系统、高压细水雾灭火系统、消防炮灭火系统、气体灭火系统、泡沫灭火系统等。按照设计规划5个消防分区，110～127层为临时高压给水，其余均为常高压给水（重力水箱与传输泵联合供水）。暖通系统包括：空调风系统、空调水系统、防排烟系统、送排风系统、翅片散热系统、地板采暖系统，冷热源系统有地源热泵系统、冰蓄冷系统、三联供及电制冷机系统等。电气系统包括：供配电系统、变配电所能耗管理系统、泛光照明系统、智能照明系统、应急照明智能监控系统、防雷接地系统、电气火灾监控系统、自动切换智能监控系统、智能浪涌保护系统、电梯系统等。

大厦共设置了154台电梯，其中40台为自动扶梯，另外114台为垂直电梯。主楼按区域设置分区电梯，另设置直达穿梭电梯。3台行程为565m的观光高速单层电梯，从B2层到119层，是国内运行行程最长、运行速度最快的电梯，其下行的运行速度为10m/s，其上行的运行速度为18m/s。

大厦智能化系统分为安保管理和弱电通信两个子系统。安保管理子系统根据不同区域功能要求设置了地下一层安保总控中心和酒店、商场、办公、观光分控中心。主要有门禁系统、监测报警系统、无线巡更系统、视频监控系统、出入口控制视、音频系统、应急通信系统、广播系统、访客系统、X光和金属查验系统、安保网络等系统。

弱电通信子系统包括接入进线、区域电信机房、垂直干线系统、水平布线子系统、大楼无线信号覆盖系统、客房自控系统、后勤局域网系统、公共广播/背景音乐系统、有线电视和卫星电视系统、楼宇设备监控管理系统等。电信、网络、移动运营商进线室均分布在地下一层，卫星系统机房设置在裙房和塔楼屋顶。

1.2 数字化建造技术体系

1.2.1 数字化建造技术背景

上海中心大厦建造阶段创新实践了以智能建造为目标的"四化一建造"（信息化、物流化、工业化、数据化及智能建造）理念，为数字化建造技术的发展提供了丰富的技术依据。上海中心大厦工程数字化建造的应用主要基于以下四个方面：

（1）从项目本身来说，项目设计和施工的难度极大，针对上海中心大厦的体量和形态，应用BIM技术可以从科技角度更好地诠释其建筑理念，更好地完成设计，更顺利地完成施工。如在设计中建筑的旋转外形完全是基于数字化平台实现的，BIM通过三维设计，准确地定位了上海中心大厦异形结构中的异形点，协助完成了整个设备层的施工；在施工中BIM的应用将施工过程的可视化理念变成了现实，在碰撞检测、物流配送管理等方面都发挥了很大作用。

（2）上海中心大厦项目涉及的学科非常多，分支系统非常复杂，因参与方众多，导致信息的有效传递难度加大，而BIM的应用可以让所有专业共享BIM模型，极大地降低了沟通难度。

（3）上海中心大厦项目建设周期长，成本控制难度大，而BIM的应用，从全生命周期的角度出发，能够有效地控制项目过程工程信息的采集、加工、存储、交流，对控制施工进度和成本有很大作用。

（4）从行业的示范和推动角度出发，上海中心大厦作为全国标志性建筑，有责任和义务在科技创新方面起到引领和示范作用，从而带动和影响整个行业的发展。

1.2.2 数字化建造技术应用

本书通过上海中心大厦的建造实例，系统阐述了数字化施工模型分析方法与控制方法，从方案策划与实施、现场布置与调整、机械规划与安全、材料高效管理、复杂曲面数字拼装、结构施工安全及虚拟建造等方面全面介绍数字化施工技术的应用。

（1）在数字化设计及施工出图中，从BIM实施标准、深化设计内容选定、深化设计软件选定、深化设计三维建模技术准备等方面对钢结构深化设计内容、幕墙体系深化设计内容、机电系统深化设计内容、室内装饰深化设计内容等进行了详细阐述。

（2）在数字化地基基础工程建造技术中探索了桩基及基坑工程数字建造技术，通过三维数值分析和施工过程模拟对超深桩和超厚砂层超深地下连续墙进行了数字化模拟和全过程施工控制，同时通过对承压水减压降水环境影响模拟技术分析，确定了降水井的布置和运行方案，通过深基坑开挖变形的模拟技术掌握基坑开挖过程中对周围环境的影响，并搭建了基坑变形可视化监控与数字化预警平台系统。

（3）在主体结构工程数字化建造中针对大体积混凝土施工中面临的裂缝控制、后浇带封闭时间控制等难题，在超大体积混凝土底板施工过程中，采用裂缝仿真模拟计算、基于仿真和实测数据的后浇带封闭时间预测、大体积混凝土远程无线温度监测等数字化建造技术，取得较好的效果。混凝土超高泵送数字化建造技术中探索了混凝土超高泵送仿真技术并介绍其应用情况，结合混凝土泵送特点确定了混凝土超高泵送仿真的方法和使用的软件，通过对仿真结果的对比分析确定了合理的仿真参数，并研究了混凝土流变学参数、流速、输送管直径、输送管规格等对仿真计算得出的泵送压力损失的影响规律。钢结构工程、机电安装工程、装饰装修工程数字化建造技术中详细总结和探索了钢结构安装数字建造技术，重点阐述了钢结构安装模拟技术、设计制作及安装一体化技术、数字化焊接机器人施工技术、大型电涡流调谐质量阻尼器整体安装施工技术、玻璃幕墙工程深化设计数字化加工及检测安装技术，实现对复杂施工方案进行全过程的模拟分析、仿真建造。超高结构数字化施工控制技术中探索了超高结构竖向变形协调虚拟仿真技术，研究了混合结构竖向变形补偿技术，对施工阶段结构危险工况和核心筒领先层数进行了分析，对具有代表性的施工控制重点问题进行了阐述。

（4）在大型设备设施数字化应用技术中总结了施工电梯数字化应用技术，并阐述了直达核心筒钢平台的施工电梯、施工两用电梯基础托换及临时电梯与永久电梯的转换，总结了大型塔吊数字化应用技术，并详细阐述了大型塔吊外挂爬升支架设计、大型塔吊置换技术及大型塔吊拆除技术，总结了超高空操作平台数字化设计及应用技术，并重点阐述了外幕墙整体悬挂式升降平台的系统研发和平台的工作流程，中庭吊顶悬挂式操作平台的方案确定、平台本体设计、平台组装工艺研究及实施效果。

（5）在模架装备数字化管控中详细总结和阐述了超高层建造整体钢平台模架装备在数字化建造方面的探索及应用。系统地介绍了钢平台模架装备的构成、有限元力学性能分析、模块化设计方法及理论分析、实时监测及可视化控制技术。结合BIM、实时远程监测及安全分析等技术解决了钢平台模架装备的安装、运营及拆卸全过程中的诸多问题，针对钢平台运营状态的安全性、钢平台与塔吊碰撞、大型钢构件安装、混凝土布料机工作等难题，开发出了一套钢平台模架装备的远程安全监测系统，并实现钢平台模架的远程监测系统、BIM模型、结构安全分析软件三者间的信息交互，保证了钢平台模架装备与周边塔吊、施工电梯等大型设备在超高层核心筒施工全过程中的高效、安全运行。

（6）在数字化施工管理中详细总结和阐述了BIM技术对施工进度计划的编制、审核、对比和优化等工作的实际操作流程和效果，解释了BIM给施工方案编制带来的便利，描述了BIM模拟对后期施工管理的意义。并对工程总承包可视化物流智能管理方案、工程总承包可视化物流智能管理系统的实施、工程总承包"一呼百应"管理系统进行了详尽说明。

1.3 数字化建造实施效果

上海中心大厦数字化施工涵盖了地基基础、结构、机电安装、装饰装修施工、材料和装备研发、构件生产加工、信息化管理平台开发和应用等各个方面，实现了节材、节水、节能、节地和环境保护目标，取得了可观的经济和社会效益。

在地基基础施工方面，针对超厚砂层中超深桩、超深地墙施工存在的风险，通过数字化模拟计算，施工单位可以在最开始就选定合适的参数进行试验，而不是通过大量试验从中选取合适的数值；如果工程中间发生设计变更，施工单位也可以通过数字模拟进行参数调整，避免了反复的尝试，既缩短了工期也节省了相应的成本。

在基坑施工方面，针对软土深大基坑工程施工风险控制问题，以数字化建模为手段，通过建立包括周边环境、基坑围护、基坑各步骤工况等的三维数字化模型，对实际工程进行高精度模拟，可以实现上海中心大厦地下工程施工过程中风险管控的预先化、信息化、直观化，进一步降低施工风险，减少工程施工安全隐患，最大限度地减少因工程事故而造成的人身安全和经济财产损失，为逐步实现我国地下空间建设传统粗放式发展模式的转变作出贡献，有助于提升我国整体地下空间开发利用技术水平。

在混凝土结构施工方面，针对超大体积基础底板混凝土浇筑和裂缝控制问题，通过采用数字化分析手段，提升了大体积混凝土底板分析精度和效率，分析工况更加细化，分析结果更加贴近实际。在大体积混凝土浇筑阶段，对最高温度、不同时刻温度场分布等参数进行计算，根据计算结果采取针对性措施，避免裂缝产生，保证了超大体积混凝土底板的施工质量。通过有限元计算分析进行大体积混凝土裂缝控制的方法，具有良好的复制性，能够在今后的超高层底板施工中应用推广，对混凝土大底板裂缝控制水平的提升具有良好的示范和推动作用。

针对高性能混凝土超高泵送难题，通过泵送仿真得到的施工参数组合为混凝土可泵性的控制提供了科学手段和量化指标，突破了传统以经验为主导的混凝土泵送控制方法的局限性，可降低泵送过程中堵管、爆管的风险，有效保证了超高层工程混凝土泵送施工的顺利进行。在上海中心大厦工程中，通过混凝土超高泵送仿真技术的应用，对混凝土流动性和泵送流量进行了合理的调整，成功将C60混凝土一次泵送至580m的结构高度，混凝土泵送压力为23.4MPa，实现了泵送控制目标。

在钢结构施工方面，使用数字化加工制作安装一体化技术，较好地解决了结构形式复杂、交界面众多的施工难题，体现了科技创新及工程应用的巨大优越性，使复杂结构的施工变得有序和可控，建筑产品的安全和使用功能得以保证。数字化施工的精准性和可控性，降低了返工概率，保证了施工过程的流水搭接，从而极大地降低了施工成本和劳动力投入，并保证了工程质量和施工工期。与传统技术相比，节约工期达一年，节约成本达上亿元，取得了良好的经济和社会效益。

在机电安装施工方面，通过建立机电设备管线的综合模型，进行全方位的冲突检测，合理地进行设备管线空间布置，实现精确的管线留洞、支架布留预埋、精装图纸的可视化模拟，为机电设备管线的全面施工实施做好坚实的深化设计工作。

通过模拟方案实施和虚拟比对，确定更为合理有效的施工方案，顺利地组织施工生产，全面提高了施工质量和安全，保证了工程的进度，各项现场施工管理得到了全面掌控。

通过数字化预制加工手段，借助基础模型，配合精确现场测量和数据反馈，出具精准的预制加工图纸，由工厂全面实施预制加工任务。上海中心大厦空调系统的风管预制率达到了100%，成品支吊架的使用达到了80%，其他各类管线的预制率也大幅度提高，整体上提高了机电管线的装配化程度。

通过使用先进的数字式测试调试仪器，利用互联网搭建项目调试信息管理平台，使配电、空调、消防等机电工程庞大的系统调试和联动运行得以顺利地实施，保证了机电系统各种功能的全面实现。

在装饰装修施工方面，采用基于BIM模型的空间分析方法，可以更加直观地审核出图纸中存在的诸多问题；采用基于BIM模型的施工工序模拟技术，将施工工序动画化，通过虚拟现实给人以真实感和直接的视觉冲击，配合演示、调整施工方案，有效提高了工作效率；通过BIM模型对综合点位的控制，掌控机电设备的布置走线、机电末端点位的控制、消防与弱电系统的点位控制，第一时间发现诸多可能在施工过程中才会发现的问题。

在装备研发方面，采用数字化设计、模块化集成技术，开发了综合指标领先的整体爬升钢平台模架系统，打造了中国模架装备新品牌。新型模架装备模块化标准件集成施工技术的运用，使系统组件综合周转使用率达90%以上，最大限度地节约了工程材料。实时监测及可视化控制技术的应用以及虚拟建造平台的开发，极大方便了工程技术人员对超高层核心筒结构施工模架方案的设计和把控，提升了模架装备的整体安全管理水平。

在信息化管理平台开发和应用方面，以数字化、信息化为手段，以视频监控技术和自动化监测技术为工具，建立基坑变形可视化监控与预警平台系统，通过可视化监控及预警功能能够实现对工程现场各类信息数据的快速传递与分析，大大提高项目管理工作效率；实现对上海中心大厦工程各建设阶段安全风险评估、预报与报警，帮助管理人员及时、有效、准确地掌握施工安全状况，减少工程施工安全隐患。实际使用中基坑变形可视化监控与预警平台系统大大提升上海中心大厦施工安全风险监控与管理的水平，有效提高现场管理效率，减少人工巡视频率和人次，实现现场安全管理成本和各类施工信息传递成本的降低，确保了施工安全及质量，经济和社会效益明显。

第 2 章

数字化深化设计

作为数字化设计的主要手段，BIM技术辅助设计和施工出图已在越来越多的工程设计中应用，上海中心大厦自2008年开工建设开始，就引入BIM技术并应用于设计、施工全过程中。本章主要就BIM实施标准、深化设计内容选定、深化设计软件选定、深化设计三维建模技术准备等方面对结构、幕墙、机电、室内装饰等各专业应用BIM技术做深化设计进行阐述。

2.1 BIM实施标准

为确保BIM相关工作的顺利实施，工程总承包单位专门编制了《上海中心BIM实施标准》（以下简称《标准》），对BIM工作的管理流程、管理方法、实施标准等方面做出了具体规定，并在实施过程中予以不断完善。

2.1.1 标准建立目的

《标准》的制定严格依照承包合同中相关条款约定，即"专业分包单位应根据工程总承包方有关BIM模型的要求，创建并维护本分包工程施工阶段的BIM模型，提供BIM数据、电子文档等，确保本分包工程的BIM模型与施工图纸文档一致，并服从工程总承包方就BIM模型的管理要求。"

工程总承包单位制定《标准》的目的主要包括：统一BIM建模方式、确定各方责权、约定工作界面、制定BIM工作流程、规范工作行为等。《标准》具体表述了上海中心大厦工程的BIM管理要求，规范各方BIM团队的工作，便于上海中心大厦工程BIM应用的顺利开展。

2.1.2 软件选择标准

软件是BIM应用的基础，而当前市场上的软件各有特色。BIM与设计、施工的融合往往体现在软件的应用层面上，选择合适而实用的软件成为这种融合成功的关键所在。BIM应用软件的选择包括建模软件与整合应用软件。

其中，建模软件首推使用Revit系列软件，包括：建筑专业软件Revit Architecture、结构专业软件Revit Structure以及机电专业软件Revit MEP。工程总承包BIM工作室使用上述软件的最新版本，同时建议所有分包单位及时更新软件至最新版本。同时鉴于Revit系列软件的能力有限，允许专业分包单位使用以下软件，包括：AutoCAD、Tekla Structure、Rhinoceros 3D、Solidworks以及Catia。

本工程BIM模型整合平台选用Navisworks软件，所有专业分包单位提供的BIM模型必须能够被Navisworks正确读取。本工程中涉及的主要软件如表2-1所示。

BIM应用软件详表 表2-1

软件名称	Autodesk Revit Architecture	Autodesk Revit Structure	Autodesk Revit MEP	Autodesk Revit Navisworks	Autodesk Inventor
功能	建筑建模	结构建模	机电建模	展示与模拟	预制加工设计

2.1.3 文件交换标准

1. 文件发布要求

所有专业分包单位提交到Vault平台的模型必须选用Navisworks最新版能够识别的格式。如果专业软件默认文件格式不能被Navisworks识别，则需要根据《标准》中的"专业细化条款"中的要求导出指定格式。

2. 文件和文件夹命名要求

模型文件结构应采用"多文件+文件夹"的形式。同一区段的每个专业内子系统应成为一个独立模型文件，文件名可由各单位自行确定；所有子系统模型组合于一个文件夹内，不宜使用多层文件夹。机电管线系统可以例外，文件夹系统参见相应专业要求。

模型文件的名称应使用尽可能短的词组，并包含检索所需的关键词，做到一目了然。文件夹命名应使用以下组合：区域+专业简称+日期版本+模型文件格式，例如：三区钢构20111030dwg。表述内容之间不要增加空格、划线等符号。各专业的模型区域划分参考相应专业要求中的有关规定。

3. 文件更新要求

所有专业分包单位有义务在每次深化设计版本升级后更新服务器上的模型。若短期内没有设计版本更新，而有小的设计调整，则应以两周为周期进行模型更新。若没有任何设计变化，则应以一个月为周期进行模型验证，提高模型准确性。设计不再更改，模型经过工程总承包和业主确认后停止更新，并在服务器文件夹注明"最终版"。

2.1.4 模型分级标准

上海中心大厦工程的BIM工作模型服务于协同深化设计、施工过程管理等工作，模型分级须按实际需求进行。上海中心大厦工程在BIM应用过程中的模型分级包括两个方面，即：几何尺寸精度与附加信息内容，在每一类模型中，这两类精度都要分别单独定义。

1. 几何尺寸精度

几何尺寸精度分为概念设计（LV.1）、初步设计（LV.2）、施工设计（LV.3）和工厂制造（LV.4）四个等级。概念设计等级仅描绘外形，包含初步的外形尺寸；初步设计等级描绘具体的几何近似尺寸和形状，其主要外形尺寸以后不能变更，仅可改变内部尺寸；施工设计等级描绘构成实物的主要构件和设备的几何尺寸，便于今后施工碰撞和施工模拟；工厂制造等级描绘所有的细部尺寸，确保模型和实物完全相符。

2. 附加信息内容

附加信息主要包括基本几何信息（GEO）、产品识别信息（ID）、产品专业信息（PRO）和施工安排信息（CON）。基本几何信息与概念设计（LV.1）、初步设计（LV.2）对应，补充模型显示不清的尺寸或作为模型在不同位置应用后尺寸差异的补充说明；产品识别信息针对预制部件所需的单体识别信息，每个单体预制件对应唯一的识别编号；产品专业信息针对具体产品的专业信息，例如电机的工作电压、额定功率等信息；施工安排信息包括物件出厂时间、运抵工地时间、完成安装时间等信息。

3. 模型级别表述

模型级别的表述使用"几何精度+信息内容"的形式，例如：LV.3+CON+PRO。

2.1.5 模型创建标准

1. 模型创建基本原则

在确定了技术基础设施要求以后，整个项目的核心BIM团队就模型的创建、组织、沟通和控制等达成了三点共识：

（1）为方便总承包做模型集成，所有模型文件统一坐标原点；

（2）所有设计师、承包商、供货商使用的模型文件采用统一的命名结构；

（3）定义模型正确性和允许误差协议。

2. 模型质量控制基本原则

为了保证所有承建单位提供的模型质量，项目制定了严格的模型质量控制标准及程序。在项目进展过程中建立起来的每一个模型，都必须预先计划好模型内容、详细程度、格式、负责更新的责任方以及对所有参与方的发布信息等。模型质量控制主要包括视觉检查、碰撞检查、标准检查和元素核实。视觉检查主要查模型是否能够充分体现设计意图，碰撞检查主要查模型中不同部件之间是否产生空间碰撞，标准检查主要查模型是否符合相应的BIM和CAD标准，元素核实主要查模型中是否有未定义或定义不正确的元素。

2.2 深化设计内容选定

2.2.1 钢结构

上海中心大厦工程结构复杂，钢结构和混凝土结构、幕墙体系均存在施工界面，深化设计工作量大，要求高。主要难点有：一是空间关系复杂，外幕墙支撑结构与外挑桁架层存在众多的连接处，由于幕墙形状扭转向上，造成幕墙支撑结构与主体钢结构间关系错综复杂又相互关联，如图2-1所示；二是巨柱和核心筒均为劲性结构，低区核心筒墙内还埋设剪力钢板，在柱梁和墙梁等节点处土建钢筋与钢结构相互交叉，钢结构深化设计须考虑土建钢筋施工的便利性，这些都对钢结构深化设计带来难度，如图2-2所示；三是巨型桁架结构的深化设计。桁架结构节点复杂、钢板超厚（达140mm）、体型巨大，如何分段连接才能综合平衡加工、运输、安装

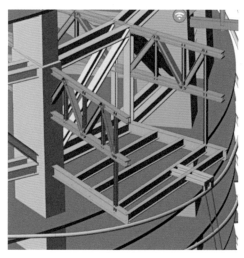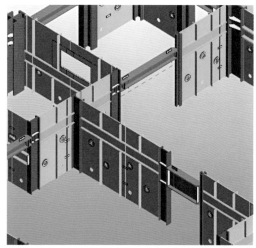

图2-1 主体钢结构与幕墙支撑结构关系　　　图2-2 核心筒内埋剪力钢板

的难度，满足设计和规范要求，是摆在深化设计人员面前的一个难题。另外，顶部塔冠结构形式多样，中心为钢框架结构、外围为钢管桁架结构，为满足建筑形态一致，结构呈螺旋向上分布。同时塔冠内专业众多，与钢结构连接界面多，深化设计难度大。

钢结构工程下设主体钢结构、幕墙支撑钢结构、楼层压型钢板、钢楼梯等几大板块，与土建结构和幕墙等专业关系相当密切。在钢结构深化设计中，充分应用三维数字化设计技术，将不同专业的模型和施工方案进行整合，采用模型碰撞检查、施工模拟等技术来发现和解决问题。在钢结构加工过程中，配合BIM数据的识别和调用，所有的设备都采用数字化驱动的加工方式，例如数控机械、机器人或机械手等手段，保证了加工精度，提高了加工效率。钢结构深化内容主要包含：

1. 钢结构详图设计三维模型的创建

首先，根据结构设计图纸建立结构实体模型；其次，依据设计和规范要求，综合考虑加工、安装、多专业协调等因素对杆件连接节点做深化设计，建立三维模型；最后，对建好的模型进行"碰撞校核"，并由审核人员进行整体校核、审查，在施工前解决空间硬碰撞和操作实施的软碰撞问题。

2. 钢结构详图设计三维模型与其他专业的相互影响和相互帮助

首先检查不同专业深化设计模型间的相互关联以及是否存在空间和施工的相互矛盾，如与幕墙专业、机电专业、土建专业以及擦窗机和阻尼器等特殊装置之间的模型合模，如图2-3所示，检查相邻部位的碰撞情况，并在施工前加以解决。其次是各专业之间优势互补，如钢结构加工厂利用自身优势，在工厂预先制作幕墙专业、机电专业等连接钢件，通过数据和模型对接，把现场的重点难点转移到工厂环节预先解决。

图2-3　钢结构与幕墙合模图

3. 主要节点和特殊节点的设计

包含通用节点、桁架节点和特殊节点的设计，以及幕墙环梁支撑系统、滑移支座、塔冠特殊节点的设计等。

4. 基于设计三维模型的出图

基于设计模型，出施工图和加工图，设计分段方式、加工制作详图、预拼装图和用于现场安装精度控制的工厂标注方式和编号等。

2.2.2 幕墙体系

由于上海中心大厦外立面玻璃幕墙每层旋转错开、向上逐层收缩的特殊造型，导致外幕墙20327块单元板块中没有一块是完全相同的，深化设计工作量极大。外幕墙通过由钢管曲梁、吊杆和水平径向支撑共同组成的钢结构支撑体系与主体结构连接，幕墙工程深化设计中考虑柔性体系的变形吸收也是难点之一。内幕墙结构与楼板连接，但每一层均需要穿越大量径向支撑，如图2-4所示，因上海中心大厦旋转收缩的特点，导致径向支撑穿越幕墙部位各不相同，且内幕墙与其他相关专业接口众多，与机电、精装饰、土建专业的收口处理都是关注重点和难点。裙房幕墙形体复杂，各类双曲线空间造型为幕墙分格调整和设计带来较大困难，如图2-5所示。

幕墙深化设计是按照建筑设计效果和功能要求，在满足法律法规及现行规范的要求下，综合幕墙构造原理和方法、幕墙制造及加工技术等内容而进行的设计活动。BIM技术在幕墙深化设计过程中发挥重要的作用，如大大提高建筑设计信息传达的可靠性，更合理地选择判定幕墙方案，深化设计出图等。基于建筑设计阶段的

图2-4　内幕墙穿越径向支撑　　　　图2-5　裙房双曲面幕墙

BIM模型进行幕墙深化，可在招投标阶段即能充分理解建筑设计意图，把握设计细节，提高项目报价准确性。同时，在幕墙设计过程中需要特别注意的事项，如设计变更，可在BIM模型中强调或说明，使幕墙设计师对建筑细节能够了解得更加充分。同时，幕墙设计师还能基于对建筑设计的充分理解，对幕墙设计进行优化，并将优化的结果以3D的形式直观表达出来，供业主和建筑师参考实施，深化设计内容主要为：

1. 深化设计的一体化综合考虑

以信息化、数据化为基础的一体化深化设计理念，将施工全过程融合到一起，统筹考虑，保证现场施工的可实施性。在幕墙工程深化设计中，在模型检查及合模无误后，基于整体模型进行一体化深化设计。幕墙工程与其他各专业工程存在大量设计交界部位，一体化综合考虑的主要内容是以本专业涉及的收口、收边部位为基础，与设计单位和其他专业分包单位进行沟通，通过整体合模和局部细节的局部合模，解决存在的设计矛盾，一切以模型和数据说话，把存在的问题解决在现场施工之前，确保各分项在总体中的相对关系以及细部构造节点设计具有合理性和空间可操作性。

2. 设计变更的快速反应

上海中心大厦施工专业众多，所有施工专业与其他专业工程呈彼此交织的复杂情况，即使不是在本专业内的设计变更，也会因其他专业的变更而引起一连串的变化情况。采用全局一体化深化设计方法，可以利用模型快速修改能力并结合参数化驱动能力，将设计修改信息用于修正整体模型，快速解决图纸变更后的连带影响，保证深化设计过程的快速高效，让数据和信息发挥更重要的作用，达到事半功倍的效果。

3. 深化设计与现场数据、工厂数据的检查和循环

现场已施工完成的上道工序不可避免地带有施工误差和变形误差，需采集上道工序实际完成后的空间数据，合入模型，建立与现场实体相一致的模型，并在此基础上，导出下料加工数据，用于加工制作，使得现场上道施工误差被吸收。此外，幕墙材料加工制作过程中，也不可避免地带有加工误差，需采集加工后的材料身份数据信息，合入实体模型，查看匹配程度，最终保证设计模型的精确度，使得加工受控，保证材料到达现场后一次性成功安装。深化设计与现场数据、工厂数据的检查和循环，是深化设计管理功能的延伸，在复杂工程中得到成功运用。

2.2.3 机电系统

机电安装施工单位应用BIM技术进行深化设计和数字化加工建造，可在进场前

完成机电综合排布、方案模拟的前期准备，为精确计划、精准施工提供了有效的支撑，为绿色建造和环境保护打下了坚实的基础，提高一次安装成功率，减少返工，降低损耗，节约工期，降低造价，提升了项目的建造品质。

机电深化设计自从在20世纪90年代中期出现在以外资项目为主的机电安装工程以来，就一直以其体现设计意图、完整设计内容、符合工艺需求、贴合现场实际的特点，深受广大业主以及施工单位的欢迎，成为联系设计与施工的纽带与桥梁，是建筑安装工程中一支不可或缺的设计力量。随着建筑设计艺术化、现代化的潮流，以及安装工程新技术、新工艺的不断涌现，结构复杂、系统繁多的特点向传统二维的设计手段提出了挑战。同时，随着施工企业向工厂化预制、模块化施工方案发展的需求，以及建筑全生命周期管理理念的迅速崛起，BIM技术的盛行也同样影响着机电深化设计手段的重大变革。"上海中心大厦"作为中国最具代表性的超高层建筑，它以绿色建筑、智能大厦的理念引领着中国现代建筑的新高度，项目各阶段的BIM运用为大厦的建成起到了至关重要的作用。

如果说设计阶段的BIM在建筑全生命周期起到构想、规划作用的话，那么机电施工阶段的BIM则扮演着全生命周期缔造者的角色。上海中心大厦施工阶段兼具深化设计成果的BIM正是扮演了这样一个角色。

机电安装工程深化设计主要的内容包括：基础模型建造、机电模型建造、机电管线全方位冲突检测、利用BIM进行方案对比、空间合理布留、精确留洞位置、精确支架布留预埋位置、精装图纸可视化模拟。

2.2.4 室内装饰

建筑装饰施工与土建施工不同，土建施工是从"零"开始，施工允许的累积误差可以采取调整装饰构造做法来弥补，而装饰施工则不同，机电设备末端与装饰面位置重叠，若按照原始装饰设计图施工，肯定会出现工程返工、材料浪费、装饰效果打折等不确定因素，因此，为实现装饰施工的最终效果与图纸一致，深化设计的工作尤为重要。引用BIM技术进行装饰施工深化设计，除了能及时输出装饰施工的各类数据和参数外，还能表现施工完成后的装饰效果，这种深化设计由二维向三维的转变，将建筑、结构、机电、装饰设计、设备安装和加工专业工种配合放在同一个平台表达，避免传统深化设计二维理解不到位，空间把握不足等能力限制的问题，有效提高了装饰施工深化设计的工作效率。

将BIM技术贯穿于从开始制图到最终完成的装饰施工全过程，主要包括：施工先后工序；构造尺寸标高；构造连接方式；工艺交界处理；环境效果表达；装饰构件加工分类；构件材料数量、材料采购清单；构件、组件加工物流、施工配套设施设备；施工交接时间；现场劳动力配备等大量即时信息，为装饰施工管理带来革命性变化。

数字化技术在建筑装饰深化设计中的应用从数字化测量开始，至全装配化完成结束。装饰工程全面数字化建造的基本思路，是通过工艺设计，将装饰饰面分解成无数标准零部件和非标零部件，以标准模数设计分配构件类型，达到标准化加工的目的。而装饰非标零部件的工厂化加工是施工的焦点，工厂化加工涉及多种机械加工知识和快速成型技术，采用数字化工艺设计方法，可将建筑施工造成的累积误差通过工艺设计消化，将非标零部件转化为可在工厂加工的零部件，最终实现现场装配式施工。

2.3 深化设计软件选用

2.3.1 钢结构

上海中心大厦钢结构深化设计统一选用Tekla公司开发的钢结构详图设计软件Xsteel进行。以Xsteel为主要建模手段，模型建造完成，审核无误后，再转化为Revit软件，以便在统一的信息平台上，与其他专业进行合模，在整体模型中解决相邻部位和交叉施工中的设计问题。

应用Xsteel软件，设计人员可建立一个完整的钢结构模型，包含结构构配件的几何尺寸、材料特性、截面规格、用户批注语等信息，如图2-6所示。不同的构配件可采用不同颜色表示，使用鼠标拖动功能，设计人员可使模型连续旋转以观看模型中任意部位，检查模型中各杆件的空间位置是否有误，同时能随时校核选中的几个部件是否发生了碰撞。Xsteel中包含了600多个常用节点以便于设计人员点取，操作者只需点取节点后输入相关参数就可完成模型创建。模型能自动生成所需要的图形和报告清单所需的输入数据并加以储存，当设计变化时，只需修正模型，其他信息均相应地改变，

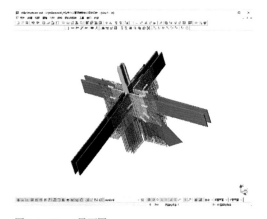

图2-6　Xsteel界面图

因此可实现图形文件及报告的及时更新。

借助于三维模型，技术人员可方便地检查构件之间的连接是否满足要求，因此，可保证钢结构深化设计详图的准确性。同时Xsteel软件的自动生成报表和接口文件功能，可以服务于整个项目。

2.3.2　幕墙体系

上海中心大厦幕墙深化设计中主要使用Rhino、SketchUp、Navisworks等软件进行。以Rhino（犀牛软件）为主要建模手段，SketchUp用于效果演示，Navisworks用于施工流程演示。模型建造完成，再转化为Revit软件，以便有统一的信息平台，便于与其他专业的合模和建立整体模型所用。

Robert McNeel & Associates开发的Rhino软件更适合复杂的曲面造型，其参数化插件Grasshopper在幕墙板块划分方面有强大优势。因此，在上海中心大厦工程中，要求所有幕墙分包单位采用Rhino软件建模，用于内部技术协调和沟通。犀牛软件界面如图2-7所示。

上海中心大厦的内幕墙模型也是使用犀牛软件创建的，与其他三维建模软件相比有以下几点优势：

（1）与CAD有对接接口，可互相导入，无缝搭接，具有良好的兼容性。

（2）对电脑设备的硬件要求不高，在一般配置的计算机上就可以运行。

（3）模型与实际误差很小，此误差在建筑单位级别中可以忽略不计（小于1mm）。

（4）建模感觉非常流畅，软件中的曲面工具可以精确创建用来渲染表现动画、工程图用的模型。

（5）创建的模型还能辅助进行曲率分析、划分幕墙表皮板块等一系列制作幕墙加工图的工作。

（6）操作简单，容易上手，功能强大，学习成本较低，软件性价比较高。

2.3.3　机电系统

将机电安装深化设计与BIM技术应用充分结合，在机电综合管线排布、质

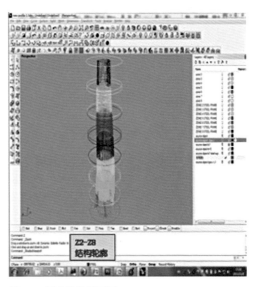

图2-7　犀牛软件界面图

量验收、数字化加工等方面发挥作用，同时建立协调平台，为提高深化设计整体质量和设计效率，实现机电安装工程数字化建造、精细化管理，提供了良好保证。

上海中心大厦机电系统极其复杂繁多，又与钢结构、幕墙、装饰存在众多空间位置碰撞和施工配合问题，施工难度极大，主要难点部位体现在高、低区能源中心，塔冠设备区，各区设备层。借助于BIM三维设计模型，可正确处理机电各系统、机电与结构、幕墙、装饰之间的空间位置关系和先后施工逻辑关系。二维深化设计图纸由三维模型导出，深化设计质量更易得到保证；BIM参数化设计为机电安装工程实现数字化加工、模块化安装奠定了基础。

上海中心大厦的复杂不仅在于它的建筑结构，也不仅在于它的机电系统，除了多专业多工种的配合之外，更大的工作团队共同勾画着这幅鸿篇巨作。以机电安装工程而言，从境外的方案设计到国内的施工设计、从深化设计到现场实施、从设备招标采购到厂商设计加工，是BIM以信息化、数字化的沟通模式，使各个团队以相通的工作模式、相同的工作语言在一个互通的平台上协同作业。作为机电安装工程中的信息交汇点，机电深化设计正是需要这样一个平台使得设计依据、设计成果更加即时高效；与各专业的协调更加准确、顺畅；与业主、设计院的沟通更加有效、便捷。从而满足各方面对于优质深化设计服务的需求。同时，对于深化设计本身而言，利用模型各专业、各区域间可以做到无缝对接。对于厂商提供的设备模型，加之参数化设计的特点在项目中扩展运用，可以在参数复核、土建提资、管线综合直至物业信息等各方面为打造全生命周期管理模式提供有力支持。

2.3.4　室内装饰

当前各类BIM软件如雨后春笋，如AutoCAD、Revit、3Dmax、Maya、SketchUp、Viga等，在建筑行业不同领域发挥作用，这些数字化工具能综合设计矢量数据和三维扫描点云数据，提供三维细部节点模型和图纸。如木饰面加工，以往全由木工现场手工制作，一层层安装，再进行油漆；而今借助BIM软件，可在模型中设计好构件连接节点形式、木饰面加工方式以及各种误差调节方式，通过数字化工艺设计来解决各类问题。

另一方面，BIM技术的应用对工厂加工图纸和现场深化图纸提出了更严苛的要求，只有保证这些图纸的精确度，才能够确保工厂加工的精准度，针对此问题，我们进行了基于现场实际尺寸装配化深化设计图纸与产品工厂加工图纸的管理与研究。

运用BIM技术，可创建出与现场尽可能一致的三维模型，并统计出准确的加工材料明细表，根据实际需要，可对模型中各个节点进行深化，得出深化设计图纸和产品加工图纸。如架空地板、干挂木饰面、干挂肌理板、吊顶金属板等，借助BIM软件工具对上述材料进行统计形成明细表，作三维排版，得到板排列、编号、加工图等，在非标准板块的加工上确保精度控制，如图2-8所示为吊顶非标准版三维模型，这样能够最大限度地确保工厂加工构件与现场的匹配程度。

图2-8　吊顶非标准板三维模型

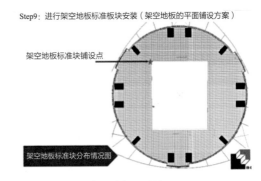

图2-9　架空地板标准块加工图纸

以上海中心大厦办公区域精装修项目为研究对象，基于上海中心大厦办公区的现场实际尺寸编制出11F大空间办公区域的架空地板平面铺设方案，编排出标准板块与非标准板块的位置，并将非标准板块集中编号、加工，实现装配化施工，如图2-9、图2-10所示。

BIM最大特点在于可视化，即三维模型直观清晰，将BIM技术应用于机电管线综合排布、碰撞检查、优化设计上，减少设计图纸的错漏和施工阶段返工的

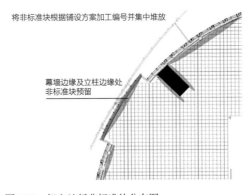

图2-10　架空地板非标准块分布图

可能性，同时，优化后的方案可用三维模型和动画进行演示和交底，提高了工作效率和施工质量，也便于与业主沟通汇报。

2.4　参数化模型分析

2.4.1　钢结构

上海中心大厦钢结构体系复杂、节点构造多样、专业界面众多，给深化设计带

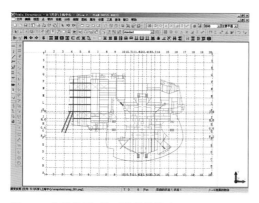

图2-11　钢结构平面杆系构件的搭建

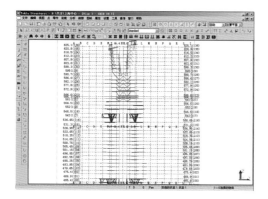

图2-12　钢结构立面杆系构件的搭建

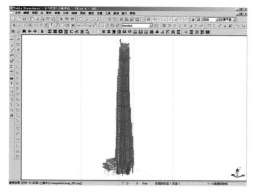

图2-13　钢结构整体杆系三维实体建模

来了极大的挑战。传统的钢结构产品生产流程由三个阶段组成，即深化设计、工艺设计和加工制造，而在钢结构深化设计中引入BIM技术可以将这三个阶段进行有机结合，打破了各自为营的局面，实现了钢结构产品生产一体化的协同与高效，起到了直观、便捷、高效、准确的作用。

基于BIM技术三维建模进行钢结构深化设计的过程基本可以分为三个阶段：杆系实体建模、节点实体建模以及碰撞检查。每个阶段都有专职校对人员实施过程控制。BIM技术在上海中心大厦钢结构深化设计中打破了钢结构深化、土建结构深化、幕墙深化、机电深化等各专业之间的技术壁垒，不仅能检查出钢结构复杂节点深化过程中的碰撞问题，还能检查出与其他专业界面搭接之间的碰撞问题，将问题解决在图纸深化设计阶段，提高了工程质量和效率，有效降低了成本。

1. 钢结构杆系实体建模

根据结构施工图建立轴线布置和搭建杆件实体模型，如图2-11～图2-13所示。

2. 钢结构节点实体建模

在整体杆系模型建立后，依据结构设计图纸，综合考虑工厂制作、运输条件、现场安装方案及土建施工条件，对钢结构杆系的连接节点在模型上进行装配。如图2-14、图2-15所示。

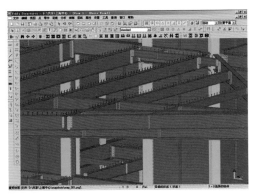

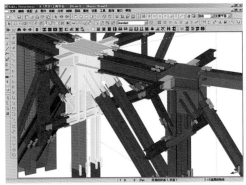

图2-14 节点装配后的平面梁实体模型　　　　图2-15 节点装配后的桁架实体模型

2.4.2　幕墙体系

国内建筑设计行业的轨道正从二维转换向三维，而作为建筑外围护结构的幕墙，既是建筑外衣，也是建筑表达形象和实现功能的载体。作为建筑设计的深化和细化的幕墙设计，应充分理解建筑设计理念，同时，需要与建筑设计相匹配的工具来确保设计的连续性，更好地确保完成的建筑是业主和建筑师所想要的。BIM技术的出现，有效地保证了建筑设计向幕墙细部设计过渡过程中建筑信息的完整和有效，正确、真实、直观地传达了建筑设计师的意图。尤其是那些大型或复杂的现代建筑，保证工程实施的关键因素就是信息的有效传递。

幕墙设计中，建筑设计的BIM模型可以直观表达建筑的效果。然而，模型储存的信息只包括初步设计阶段，尤其是关于材料、细部尺寸及幕墙与建筑主体结构间关系的信息非常少。而这些信息和细部构件等都在幕墙深化设计和加工过程中得到了完善，这一过程被称为"创建工厂级幕墙BIM模型"。

贯穿于幕墙设计、加工等各个阶段的是工厂级BIM模型创建。进行工厂级的幕墙BIM模型创建，需要根据现有的BIM建筑模型，深化设计幕墙系统，然后细化BIM模型中的构件，并根据构件的不同处理阶段，不断改进和调整BIM建筑模型。为了更清楚地描述工厂级BIM模型的创建过程，下面以上海中心大厦工程外幕墙为例，以Revit软件为基础，描述如何创建工厂级幕墙BIM模型。

1. 模块化

基于Revit软件的模块化功能，可以将不同类型的外幕墙单元制作成不同的幕墙嵌板族，从而可以按照单元类型来创建族，同一个族可以应用到同一类型的单元上，大大减少了工作量。

2. 参数化

外幕墙中，同一类型的嵌板族，可以使用参照线和参照面来定位各构件，并设置参照线和参照面的定位参数，以便通过参数来调节单元板块的尺寸。

3. 类型参数与实例参数

按照不同的参数形式，可以把参数分为类型参数和实例参数。实例参数是族参数，每个族都可以调整实例参数；类型参数是一个类型的所有族的参数，类型参数的调整变化会应用到该类型的所有板块。

4. 幕墙模型的具体创建过程

（1）创建幕墙定位系统。由于受到Revit软件建模功能的限制，复杂形状的幕墙模型需要先建立定位系统。在软件开发的现状下，一般由CAD来完成定位系统。也就是说，需要先在CAD中创建楼层标高平台和幕墙定位线，再将其引入Revit软件中。

（2）通过幕墙嵌板族创建幕墙单元。把单元面板、台阶构造和幕墙竖梃应用幕墙嵌板族做在嵌板族中，并通过调节嵌板族中的参数使台阶宽度产生变化。相当于是把一个单元做成了一个嵌板。

（3）在项目的幕墙定位系统中导入幕墙单元，并且输入台阶的参数，便可以得到模型各区各层的幕墙板块台阶尺寸。

（4）创建幕墙支撑体系。同样，通过定位和创建构件族等环节，创建满足施工要求的工厂级BIM模型，如图2-16所示。

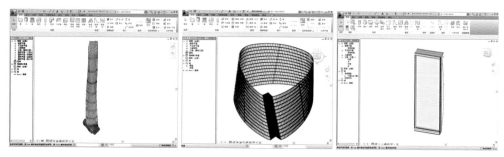

图2-16 工厂级幕墙BIM模型

2.4.3 机电系统

1. 建立模型

BIM模型是设计师对整个设计的一次"预演"，BIM技术人员在建模的过程中相当于进行了一次全面的"三维校审"，发挥专业特长，可发现设计中隐藏的大量潜在的问题，传统的单专业校审很难做到这点。BIM模型的建立，发现隐藏的问题，可以整体提升设计质量，并大大减少后期工作量。项目中应用BIM相关软件按照平面设计图纸制作3D模型。BIM建模流程如图2-17所示。

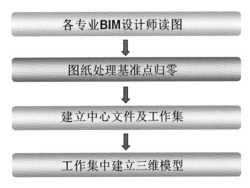

图2-17　BIM建模流程图

各个设计师按深化设计图的不同专业分工，针对各个专业进行图纸系统的整理和理解，确认管线设计的合理性。同时，在中心文件中根据BIM相关标准，按照不同专业建立对应的工作集，即各专业根据二维图纸，在对应专业工作集中分别建立相应的三维模型，以便在BIM软件中快速辨识各项系统类别，有利于提升模型编辑和冲突检查的效率。BIM工作集划分如图2-18所示。

图2-18　BIM机电管线工作集划分

（1）基础模型建造

基础建模包括建筑及结构模型。构建模型是为了在进行机电碰撞检查时，有可作参考的基础数据，发挥碰撞检查的效益。在建筑模型中建立桩基、筏基、挡土墙、混凝土柱梁、钢结构柱

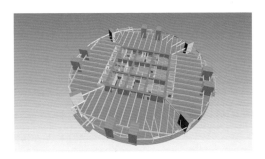

图2-19　BIM土建三维模型

梁、楼板、剪力墙、隔间墙、帷幕墙、楼梯、门及窗等组件，再根据设计发包图构建BIM模型。按专业类别及楼层分别建模，减少编辑工作对计算机的负荷，提升作业效率，图2-19为上海中心大厦项目BIM模型。

（2）机电模型建造

机电模型可以分为给水、排水、消防、强电、弱电、空调通风、空调水及防排烟等项目，BIM专业工程师借助BIM协同作业的方式，分别分项目同步建造模型，BIM专业工程师可以通过参考链接方式检查各项系统和建筑结构模型之间的碰撞问

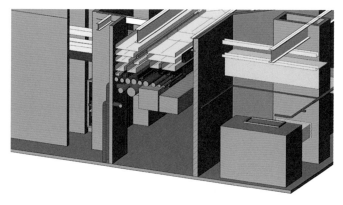

图2-20　BIM机电管线综合三维模型

题。图2-20为上海中心大厦项目BIM机电管线综合三维模型。

2. BIM模型对深化设计的提升

（1）机电管线全方位冲突检测

制定施工图纸阶段，如果相关专业没有充分协调，可能会直接造成施工图出图进度延误，继而对项目实施进度产生影响。利用BIM技术建立三维可视化模型，可以实时进行全方位、多角度的观察碰撞情况，以便讨论和修改，这是提高工作效率的一大突破。使用统一的模型平台，使各专业的修改和调整都能实时显现，实时反馈。

传统深化设计工作得到的是不具备参数能力的线条所组成的图形，存在局限性，产生重复的工作量，耗费大量时间。应用BIM技术的深化的优点：其一，BIM参数化联动的特点得到充分发挥，同步修改从参数到形状的各方面信息；其二，省去了修图或重新绘图的工作，可以根据需求直接生成调整后的模型的平面图、剖面图以及立面图。与传统的二维绘制施工图相比，工作效率提升较大。检测各专业管线碰撞问题的工作流程如图2-21所示。

将机电各专业模型在Navisworks软件中汇总成综合管线模型，使用碰撞检测功能进行管线碰撞检测。上海中心大厦机电综合管线模型碰撞检测如图2-22所示。根据碰撞检测结果调整深化设计图和对应的模型，再次进行碰撞检测。如此循环直至碰撞检测显示"零"碰撞。图2-23为上海中心大厦BIM机电综合管线调整经过多次碰撞检测及调整达到"零"碰撞。

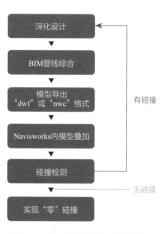

图2-21　BIM碰撞检测流程图

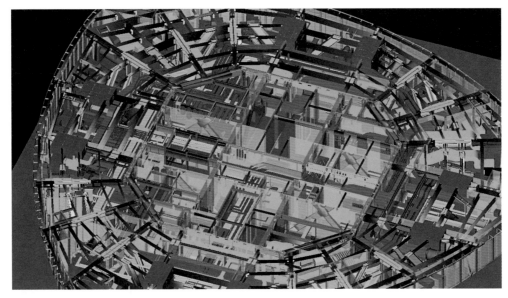

图2-22　上海中心大厦BIM机电综合管线碰撞检测

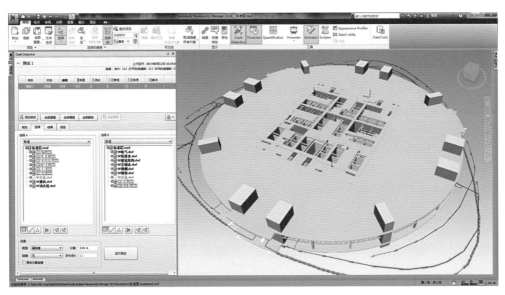

图2-23　上海中心大厦BIM机电综合管线调整到"零"碰撞后

　　在以往的BIM机电深化设计碰撞检测过程中发现，如果各专业间不能做到同步调整，则经常发生对碰撞处进行调整后产生新的碰撞问题，深化设计效率低下。结合国外应用BIM技术进行机电深化的经验，认为在全方位碰撞检测时，应先进行机电各专业与建筑结构之间的碰撞检测，在确保无碰撞之后，再进行机电各专业管线间的碰撞。可以说，深化设计阶段中各专业间的碰撞交叉无可避免，但运用BIM技术则可以汇总各专业模型进行碰撞检测，快速检测到空间中的碰撞点，高亮显示，

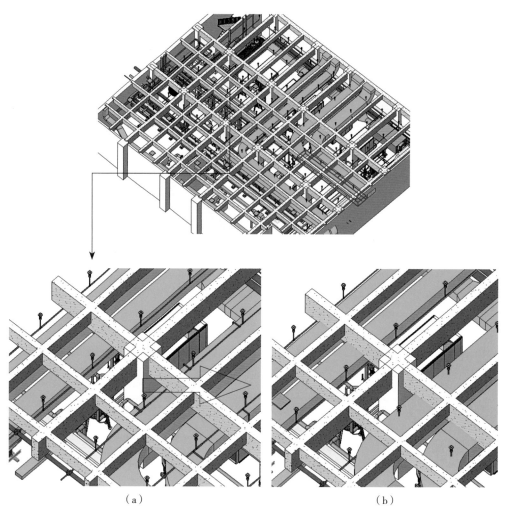

（a）　　　　　　　　　　　　　　　（b）

图2-24　机电综合管线与结构冲突检查调整前后对比图

辅助设计师快速定位并调整，大大提升了工作效率。

如图2-24所示，开始的设计中，四根风管排放贴梁底排布，只考虑到300mm×750mm的混凝土梁，忽略了旁边400mm×1200mm的大梁，在碰撞检测中发现风管与大梁发生碰撞。调整后，下调四根风管，将喷淋主管贴梁底敷设，解决风管撞梁问题的同时，还解决了喷淋管道的布留摆放。

完成该项目机电与建筑结构的冲突检查及修改后，利用Navisworks软件碰撞检测功能进行管线的碰撞检测，并根据碰撞检测报告在Revit软件中逐一调整和解决。解决碰撞问题一般根据以下原则：有压力管让无压力管、小口径管让大口径管、给水管在排水管上方、电气管在水管上方、冷水管道避让热水管道、附件少的管道避让附件多的管道、风管尽量贴梁底、充分利用梁内空间等，最后还要综合考虑固定

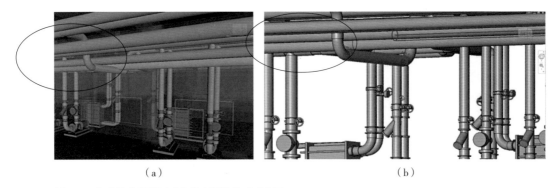

<table>
<tr><td>（a）</td><td>（b）</td></tr>
</table>

图2-25 机电综合管线间冲突检查调整前后对比图

支架、疏水器的安装数量和位置满足规范要求和实际情况。调整管道从而消除碰撞点，完成之后再次进行碰撞检测，如此反复，直至检测结果为"零"碰撞。如图2-25所示。

（2）利用BIM进行方案对比

运用BIM软件可进行施工方案比选。如图2-26所示，方案一和方案二弯管比较集中，布置显得有点凌乱，且安装阻力大，而方案三管道布置就比较合理，安装阻

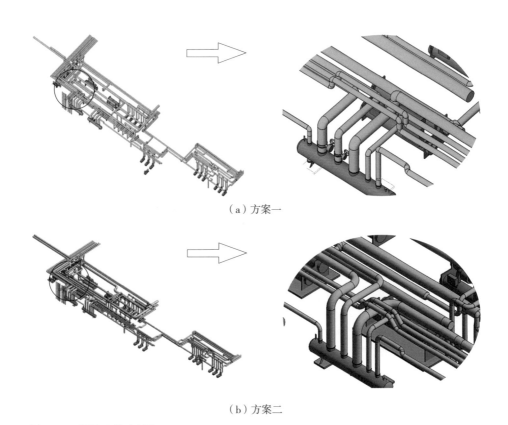

（a）方案一

（b）方案二

图2-26 不同方案的对比图

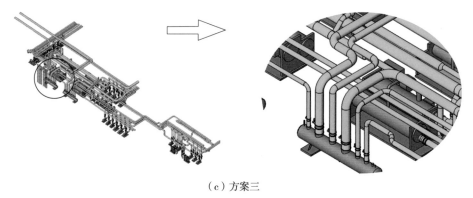

（c）方案三

图2-26　不同方案的对比图（续）

力小，比较下来是相对最优的排布方式。如果最优方案与深化设计图纸不一致，则须与原设计人员沟通，修改相关的图纸[6]。

（3）空间合理布留

管线综合设计是一项技术性较为复杂的工作，不但要使用它来检查解决碰撞的问题，还要充分照顾到系统的合理性和施工的可行性。在进行多专业整合后，如果个别系统的某项设备参数不能满足运行条件时，必须及时进行修正，并将原设计方案中的不足之处进行优化。

以冷冻机房为例，机房中的水管道的占比相对较大，如果不进行合理的空间规划，则未来施工时就会十分混乱且视觉拥挤。运用BIM可视化技术，在三维空间对各种管线合理排布，能最大限度地节省空间，提升空间利用率。机房内空间净高一般认为是管线设备下缘至建筑面的高度。图2-27是提升冷冻机房净高的示意图，图中运用空间优化方式，将原始设计排布的3100mm进一步提升至3450mm。最终，机房内不仅实现了管线零碰撞，还通过运用三维BIM空间排布进一步提升了空间利用率。在一般的深化过程中是在某些管线复杂位置进行剖面图绘制，但数量有限，而对于大多数没有剖面图的位置，净空高度和管线排布是否满足？操作空间是否充分？都是深化设计人员需要考虑的问题。

净空优化、合理排布是指不影响原管线机能以及施工可行性的原则下，对机电管线进行合理排布，可以充分运用BIM可视化技术，让深化人员从任意角度观察模型的任意点位。三维模型的运用，拓展了人脑空间想象能力，保证了各个专业区域深化图纸的合理性和可行性，这些都是在平面图纸中无法实现的。

（4）精确留洞位置

管线综合中留洞是常常需要重点考虑的问题，因为如果留洞位置错误会造成额

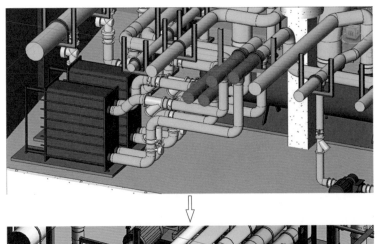

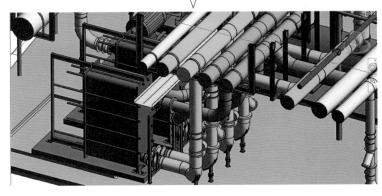

图2-27 空间调整方案前
后对比图

外的费用增加，如何精准地定位留洞位置和尺寸，传统深化过程中靠的更多的是设计人员的经验和想象，但经验难免产生遗漏等问题。而借助BIM可视化技术，最大限度地弥补了设计人员想象能力的不足，BIM模型可以直观地显示留洞的位置，且不会遗漏任何一处留洞，还能做到定位准确，切实帮助深化人员解决在深化留洞出图时遇到的问题。同时图纸质量的提高也降低了图纸变更的效率。

与传统的深化留洞的区别是，运用BIM技术可以使用Navisworks的碰撞检查，快速找到管线与管线间的碰撞点，还能进行精准的留洞定位。图2-28为上海中心大厦低区能源中心BIM模型，在该项目中，技术人员通过BIM技术来检测留洞位置，根据软件的碰撞检查结果，迅速找到需要留洞的位置，彻底解决了错留、乱留、漏留等现象。提高了深化设计人员的出图质量，省去了图纸变更和修改的时间，提高了出图效率。图2-29为按BIM三维模型精确定位后所出的深化留洞图。

（5）精确支架布留预埋位置

进行机电深化设计时，支架预埋布留是十分重要的一部分。在进行复杂位置管线综合时，常常会遇到支架没有位置安放等问题。对于没有剖面图的位置，支架能否安装，是否符合标高要求以及美观整齐的施工要求就显得特别重要了。其次，从

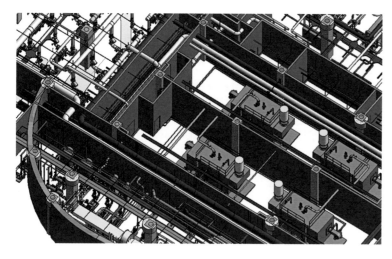

图2-28 上海中心大厦低区能源中心Navisworks中BIM机电模型

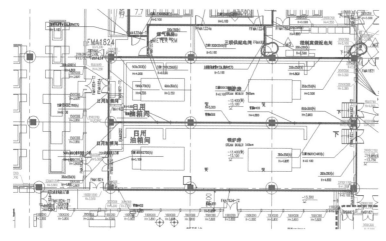

图2-29 上海中心大厦低区能源中心按BIM三维模型精确定位留洞图

现场施工的角度看，很多要承受大重量荷载的支架在土建施工时就要在楼板底下安装预埋件，如冷冻机房等管线较为密集的地方，而在管线没有清晰排布的情况下又无法进行具体预埋定位，从而普遍采用"盲打式"预埋法，在某一个区域进行均布预留。其中就必然存在以下几个问题：

1）支架与机电管线尺寸不匹配，无法保证布留支架100%安装成功。

2）预埋钢板的使用率低，管线不经过地方的预埋件造成浪费。

3）对有特殊性要求的位置可变性较小，易造成不能满足吊顶安装要求。

对于以上几个问题，BIM施工模拟可以精准定位每个支架的布留位置，在三维BIM软件中提前模拟找出施工现场会遇到的问题，将支架具体的位置进行精准定位。尤其是剖面不曾剖到的地方，都可以在BIM模型中进行详细地展示，以保证100%能实现布留以及满足吊顶高度。同时，根据各个专业的施工图纸、标准图集，以及

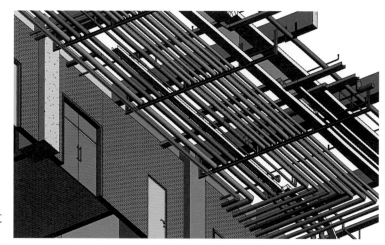

图2-30　BIM三维模型支架布留图

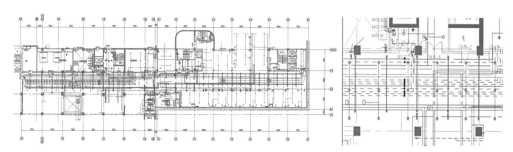

图2-31　BIM模型生成支架点位图

相关的规范要求选择正确的支架形式。对于大规格管道、大型机电设备、重点施工部分的应力与力矩的验算，这些都可以通过BIM三维模型直观反映出来，从而让施工图纸更加精细。

如图2-30、图2-31所示，要安装支架、托架的位置有很多，结合各个机电专业的安装需求，运用BIM模型可视化，直观展示出支架以及预埋的具体位置和施工效果，特别是管线密集处、结构变形处。通过对支架两头的精准定位，中间管线精准排布的设计方式辅助图纸深化，使得BIM深化出图的图纸质量更加精细。

（6）精装图纸可视化模拟

利用BIM技术的可视化模拟，不仅可以反映管线布留关系，还能模拟精装吊顶并出图。BIM设计人员在模型调整完成后，在现场实勘时可将模型与实际作详细比对，并可在BIM模型上直接与施工人员讨论协调排列布局，协商确定模型的最终排布。任何修改和调整也均可以直接反映在模型上，及时模拟精装效果，在风口、喷

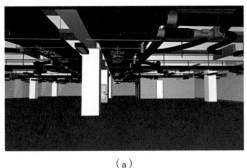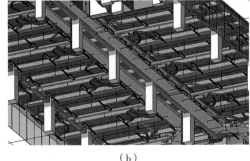

|（a）|（b）|

图2-32　BIM可视化精装模拟图

淋头、灯具、检修口等设施的选型与平面设置时，满足功能要求的基础上还能兼顾精装修的选材，力求达到功能与装修效果的完美结合。

如图2-32所示，通过BIM模型与现场勘查比对，可以基于现场真实施工进度对模型做合理布局，以实现空间使用率最大化[5]；同时，基于BIM三维模型的可视化及实时调整修改，在沟通顺畅的情况下满足设计规范和业主需求，同时达到使用功能和美观布局的完美统一，最终演绎建筑装饰理想效果"布局合理、操作简便、维修方便"。

2.4.4　室内装饰

建筑装饰深化设计是指，由方案设计单位提供装饰图或者由业主提供条件图等，在此基础上施工单位结合施工现场实际情况，细化、补充和完善方案完成施工图纸的工作，深化设计后的图纸需满足以下条件：相关技术、经济要求、施工要求、规范及标准。

数字化建筑装饰深化设计，以数字化设计软件为基础，全方位考量建筑装饰"点、线、面"的相互关系，并加以合理利用，进而使得现场各类装饰"收口"问题得到妥善的处理。作为设计与施工之间的桥梁，建筑装饰深化设计需协调配合其他专业，以保证本专业的施工的可实施性，并且保障能最终实现设计创意。深化设计工作致力于发现及反映问题，同时提出有建设性的解决方案。经对施工图进行深化设计，辅助主体设计单位发觉方案中所存在的问题，呈现各专业之间可能存在的冲突；同时，辅助施工单位领会设计意图，及时向主体设计单位反馈可实施性问题及相关专业交叉施工的问题；在发现及反馈问题的过程中，深化设计提交给主体设计单位合理的建议作为参考，辅助主体设计单位快速准确地解决问题，加速推动项目进展。其技术路线如图2-33所示。

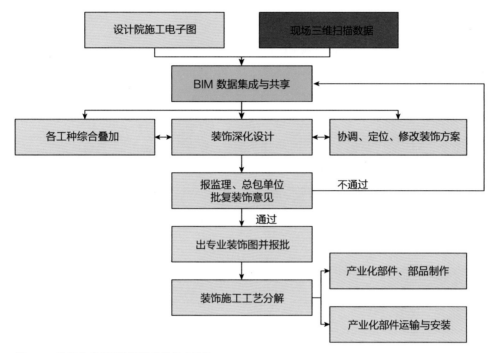

图2-33　数字化建筑装饰深化设计技术路线

CHAP
3

第3章

地基基础工程数字化建造技术

3.1 超深桩数字化施工技术

3.1.1 超深桩成孔数字化模拟技术

环球金融中心及金茂大厦均采用钢管桩基础，由于陆家嘴发展日趋成熟，上海中心大厦建设时，已没有条件进行钢管桩施工，而超400m建筑中采用钻孔灌注桩施工尚没有先例；另外由于本工程的特殊性，所有工程桩必须100%达标，不允许出现成桩失败的情况。在复杂的土层条件下，如何确保超长钻孔灌注桩成孔时孔壁稳定是上海中心大厦关键技术难点之一。因此在本工程超长钻孔灌注桩施工前，采用ANSYS软件对成孔时孔壁的稳定性进行数字化模拟分析，并根据模拟结果调整工艺参数，确保施工质量。

1. 超长桩孔壁稳定数字化模拟分析

大直径超长钻孔灌注桩的施工控制难度较大，尤其是控制孔壁稳定性是影响其质量的关键技术，这是因为在完整土层中钻孔施工会对其应力场和位移场产生较大的变化，从而影响土体的稳定性，一方面由于钻孔后土体的边界条件发生了变化，打破了原有土应力的自平衡，造成土层中的应力场发生变化，土体将在自重压力施压、侧向应力再平衡作用下发生较大变形；另一方面施工期间由于钻头穿越土层对土体产生动力扰动，会造成孔壁周边土体产生挤压和变形。基于以上力学原因，对于大直径钻孔灌注桩而言有必要计算分析孔壁稳定性，通过计算分析可以有效控制不同作用力的影响，通过改进施工工艺、优化工艺参数可以提高孔壁稳定性。钻孔桩成孔期间孔壁周边土体受到的作用主要有：土体自重压力、主动土压力、孔壁圆拱支撑力、地下水渗透力和护壁泥浆，另外钻孔机具的破土还会对孔壁产生动力激振，需要考虑因素较多。岩土力学常用的计算方法有理论分析法和数值分析法两种，理论分析法即采用偏微分方程进行计算，为了能求解需要进行较大的简化，无论采用应力问题分析或应变问题分析都难以将上述复杂的因素进行综合考虑，因此本章采用三维有限元法对钻孔桩的成孔施工过程进行模拟，研究钻孔桩施工引起的地层变形响应。

2. 成孔施工数字化模型建立

计算模型：以上海中心大厦主楼桩基工程为研究对象，钻孔灌注桩桩径1m、桩长86m。按实际土层情况建立三维实体模型，土层材料参数按地勘资料取值，模型如图3-1~图3-3所示。

模拟钻孔灌注桩钻孔施工的过程中，通过"生死单元"来模拟土体的开挖，下

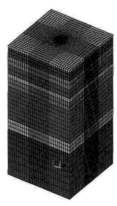

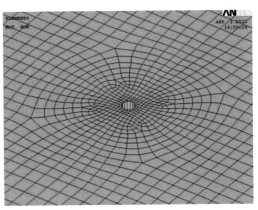

图3-1 整体计算模型　　图3-2 钻孔完毕半剖面　　图3-3 钻孔完毕地表局部模型
　　　　　　　　　　　　　　 计算模型

一步的计算都是以上一步计算的结束位置作为起点，这样可以模拟桩孔逐渐变深的工况。在进行开挖的模拟计算时，需预先平衡初始地应力场。具体来说，"生死单元"法是保留原有限元模型土体单元网格的几何拓扑结构不变，将开挖掉的土体单元"杀死"。"生死单元"法是结构全过程分析的一种有效手段，在模型中将"生死单元"的质量、刚度或阻尼等物理量乘以一个可变因子，当"生死单元"灭失后这个可变因子变得足够小，从而使得该"生死单元"的质量、刚度或阻尼等物理量将变为足够小，从而不影响总矩阵方程的计算结果。本章通过"杀死"桩孔位置的土体单元，依次模拟桩孔钻进开挖，并在孔壁四周施加线性分布的护壁泥浆压力。

模型尺寸为60m×60m×120m，X向、Y向为水平方向，Z向为钻孔深度方向。为便于准确模拟钻孔的真实力学状态，采用对称方式建模及确定边界条件，具体来说就是在模型坐标$x=-30m$和$x=30m$的边界处锁定X向位移，其余方向位移自由；在$y=-30m$和$y=30m$的边界处锁定Y向位移，其余方向位移自由；仅在$z=-120m$的边界处锁定Z向位移，其余位移的Z向位移是自由的，以保证重力作用和竖向位移场能真实模拟。

根据泥浆比重的不同，即施加到孔壁四周泥浆压力的不同，本章共计算了两个工况：泥浆比重取1.10，泥浆比重取1.20。每个工况分若干个施工步，每个工况的结果都是提取最终施工步即钻孔灌注桩成孔完毕时的结果。

3. 数字化模拟结果分析

根据模拟计算结果，泥浆比重1.10及泥浆比重1.20的两个工况下，孔壁侧向变形均位于22m孔深处，前者向孔内最大水平位移7.5mm，后者5.2mm。

4. 小结

两个工况成孔完毕时孔壁的侧向变形如图3-4所示（负值表示向桩孔内侧变

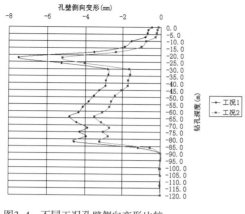

孔壁侧向变形(mm)

图3-4 不同工况孔壁侧向变形比较

形），成孔过程中孔壁产生水平向应力释放，静水泥浆压力小于成孔被开挖掉土体释放的地应力，孔壁在内外不平衡压力的作用下必然会产生向桩孔内侧的侧向变形。当泥浆比重取1.10时，孔壁最大侧向变形为7.50mm，当泥浆比重为1.20时，孔壁最大侧向变形为5.2mm，当泥浆比重从1.10增加到1.20时，孔壁侧最大侧向变形减小31%，泥浆在钻孔灌注桩钻孔过程中对于减小孔壁侧向变形的作用较为明显。

实际施工时，根据模拟计算结果，将泥浆比重控制在1.20~1.30范围内，施工时实测孔壁侧向变形平均控制在5mm以内，过程中未出现孔壁塌方或缩颈现象，施工质量得到了有效的控制。

3.1.2 钻孔灌注桩垂直度检控技术

传统的钻孔灌注桩斜率测试是在清孔完毕后，将井径仪下放到孔底，测量钻孔桩垂直度。如果出现垂直度不满足规范及设计要求的情况，需要通过反复扫孔以满足垂直度的要求，该方法必须等到成孔完毕后方能测量出钻孔桩垂直度。传统的钻孔桩垂直度检测施工工艺不能及时测量垂直度、控制成孔质量，影响了施工效率以及质量。

为了克服上述缺点，上海中心大厦桩基施工过程中研发了一种钻孔灌注桩钻杆内垂直度自动检测及控制技术，该技术能在钻孔灌注桩钻进过程中及时测得垂直度并进行纠偏，有效地控制成孔质量，避免了重复施工，大幅提高施工效率。如图3-5、图3-6所示。

图3-5 钻杆内测斜仪图

图3-6 钻杆内测斜

3.2 地下连续墙数字化施工技术

3.2.1 超深地下连续墙施工数字化模拟技术

1. 砂质地层大深度槽壁稳定数字化模拟分析

上海中心大厦主楼围护采用50m深的地下连续墙，基坑为圆形，对地墙的垂直度及施工质量要求高，必须配置适应于本工程的护壁泥浆以确保成槽施工时槽壁的稳定，同时加强施工监测，防止出现槽壁塌方等事故。为确定合适的泥浆工艺参数，在进行地下连续墙施工前，采用ANSYS软件进行地墙成槽时的槽壁稳定性分析，模型的建立方法基本同上节钻孔桩孔壁模型。

2. 地墙成槽施工数字化模型建立

以上海中心大厦主楼基坑围护地下连续墙标准槽段为研究对象，槽段宽度取6m、厚度1.2m、深度50m。按实体土层情况建立三维实体模型，土层材料参数按地勘资料取值，模型如图3-7～图3-9所示。模型尺寸为60m×60m×80m，X向为槽段厚度方向，Y向为槽段宽度方向，Z向为槽段深度方向。在模型坐标$x=-30m$和$x=30m$两端面约束x向位移，其余方向位移自由；$y=-30m$和$y=30m$两端面约束y向位移，其余方向位移自由；模型底部约束z向位移，x向和y向可自由移动；地表面（$z=0m$）为自由面。

根据泥浆比重的不同，即施加到槽壁四周泥浆压力的不同，本节共计算了两个工况：泥浆比重取1.05，泥浆比重取1.20，每个工况分若干个施工步，每个工况的结果都是提取最终施工步即槽段成槽到底时的结果。

3. 数字化模拟结果分析

根据模拟计算结果，在泥浆比重1.05及泥浆比重1.20的两个工况下，槽壁侧向变形均位于15m槽深处，前者向槽内最大水平位移19.5mm，后者10.5mm，如图3-10～图3-15所示。

 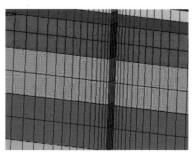 

图3-7 整体计算模型　　图3-8 地墙成槽后半剖面模型　　图3-9 地墙成槽后半剖面模型
（厚度方向）　　　　　　　（宽度方向）

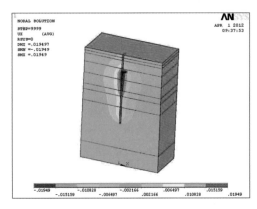

图3-10 成槽结束槽段侧壁变形（泥浆比重1.05，槽段厚度方向观测）

（最大值为19.5mm，向槽段内变形，位于15m槽段深度处）

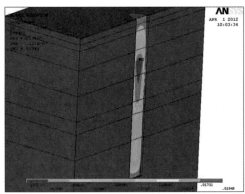

图3-11 成槽结束槽段侧壁变形（泥浆比重1.05，槽段宽度方向观测）

（最大值为19.5mm，向槽段内变形，位于15m槽段深度处）

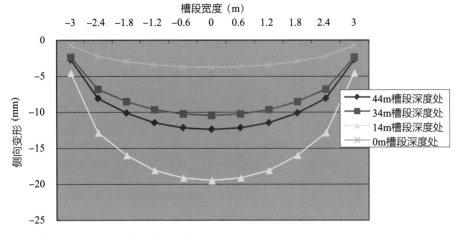

图3-12 不同槽段深度处槽壁侧向变形（泥浆比重1.05）

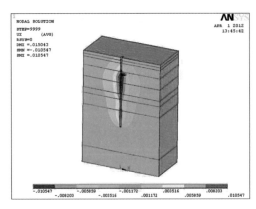

图3-13 成槽结束槽段侧壁变形（泥浆比重1.20，槽段厚度方向观测）

（最大值为10.5mm，向槽段内变形，位于15m槽段深度处）

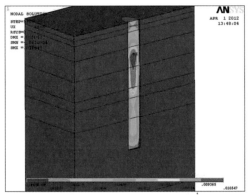

图3-14 成槽结束槽段侧壁变形（泥浆比重1.20，槽段宽度方向观测）

（最大值为10.5mm，向槽段内变形，位于15m槽段深度处）

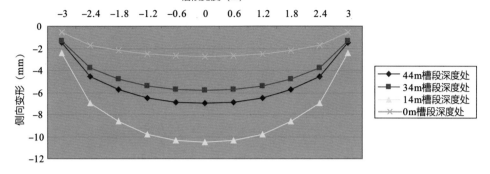

图3-15 不同槽段深度处槽壁侧向变形（泥浆比重1.20）

4. 小结

两个工况成槽到底时槽壁的侧向变形如图3-16所示（负值表示向槽段内侧变形），成槽开挖过程中槽壁产生水平向应力释放，静水泥浆压力小于成槽被开挖掉土体释放的地应力，槽壁在压力差作用下必然会产生向内的侧向变形。当泥浆比重取1.05时，槽壁最大侧向变形为19.5mm，当泥浆比重为1.20时，槽壁最大侧向变形为10.5mm，当泥浆比

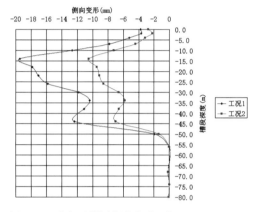

图3-16 不同工况槽壁侧向变形比较

重从1.05增加到1.20时，槽壁最大侧向变形减小46%，泥浆对于减小槽壁侧向变形的作用较为明显。

根据数值模拟的计算结果，实际施工时将泥浆比重严格控制在1.20～1.30范围内，现场监测结果显示槽段侧向变形基本控制在10mm以内，完全满足设计及施工的相关要求。

3.2.2 地墙钢筋笼整体稳定性仿真模拟分析

1. 超重钢筋笼吊装的数字化模拟分析

上海中心大厦工程钢筋笼采用整体一次吊装，最大起重量达90t，属危险性较大的分部分项工程。在起吊过程中，为确保施工安全，需对钢筋笼的整体受力状况和变形进行全面分析，找出应力集中部位和变形较大部位，并采取可靠的加固措施。由于钢筋笼受力比较复杂，难于寻找解析解，因此使用有限元通用固体力学软件ABAQUS建立空间模型，采用数值分析的方法求解。

2. 建立钢筋笼吊装的数字化模型

钢筋笼外形尺寸：1.2m × 5.9m × 50m。钢筋笼配筋根据施工图纸确定，包括迎土面和迎坑面的纵向受力钢筋、封头钢筋、水平钢筋、V形钢板及六榀纵向桁架钢筋，忽略插筋、接驳器、水平桁架、吊点加固等钢筋。钢筋连接处都以焊接考虑，即钢筋接触位置无相互转动发生，根据吊点位置确定边界条件，即约束吊点处的竖向位移，施加的荷载只有钢筋及钢板本身的重力荷载，模拟示意如图3-17~图3-19所示。

3. 数字化模拟结果分析

对吊点位置施加拉力以模拟双机抬吊的工况，计算结果如图3-20、图3-21所示。蓝色区域为小应力部位，从图中可以看出，钢筋笼大部分都处于蓝色区域，即应力小于40MPa的部分，黄色至红色为大应力区域，从图3-20、图3-21

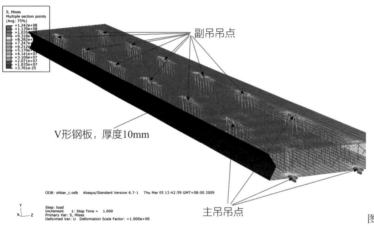

图3-17 模型及吊点示意图

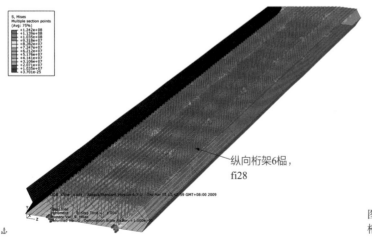

图3-18 钢筋笼吊点及纵向桁架示意图

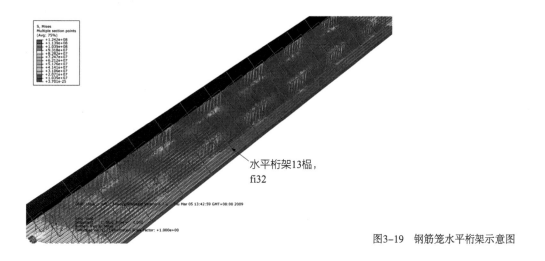

水平桁架13榀，
fi32

图3-19　钢筋笼水平桁架示意图

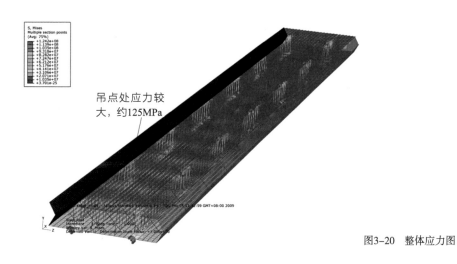

吊点处应力较
大，约125MPa

图3-20　整体应力图

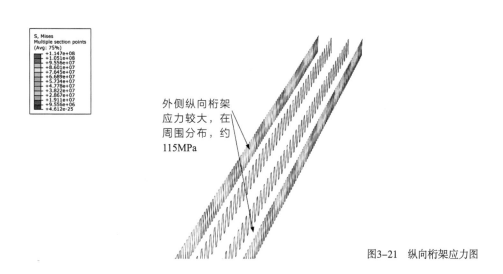

外侧纵向桁架
应力较大，在
周围分布，约
115MPa

图3-21　纵向桁架应力图

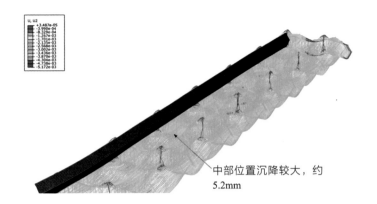

中部位置沉降较大，约
5.2mm

图3-22 钢筋笼变形图
（放大300倍）

可以看出，大应力区域均位于吊点四周，钢筋的最大应力约为125MPa，纵向桁架钢筋的最大应力约115MPa，纵向桁架的应力分布规律为外侧桁架应力大于内侧桁架，钢筋笼构件应力均小于钢筋许用应力，故认为钢筋笼整体强度满足使用要求。

钢筋笼在起吊过程中产生了变形，由平面转为波浪面，每两个吊点之间均有竖向变形，最大变形约为5.2mm，发生在钢筋笼中部，如图3-22蓝色区域所示；六榀桁架中，靠近外侧的纵向桁架应力较大，最大约115MPa，其余部位应力较小。吊点周围钢筋应力最大，最大值约为125MPa左右，远小于HRB400钢筋许用应力。综上所述，钢筋笼的变形比较均匀，整体稳定可以满足要求。

4. 小结

通过数字化模拟计算，验证了钢筋笼吊装过程中其整体刚度及稳定性满足施工要求，局部变形亦在可控范围以内，因此拟采取的钢筋加固方案可行。实际施工中钢筋笼加固即按照上述方案进行，所有地墙均顺利完成。

3.3 承压水减压降水环境影响模拟技术

3.3.1 工程水文地质条件

上海中心大厦《岩土工程勘察报告》显示，在125.7m深度范围内的土质分为九层，主要由黏性土、粉性土、砂土组成，在第⑦、⑨层砂性土间缺失第⑧层黏性土层。地下水分布分为潜水和承压水层，潜水水位埋深一般为0.75～3.90m，承压水层中，对本工程基坑施工有影响的主要是第⑦、⑨层，第⑦层为上海第一承压含水层，层顶埋深约为28～30m，水头高度可达地下3～11m；第⑨层为上海第二承压含水层，由于第⑦、⑨层连通，总厚达97m，含水量极其丰富（地层分布参见图3-23）。

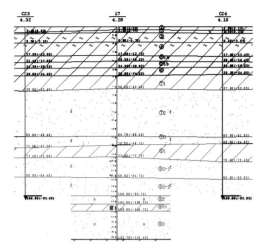

图3-23 地质剖面示意图

3.3.2 减压降水仿真分析

基坑抗承压水突涌安全性验算结果显示，在开挖过程中应采取措施降低第一、二承压含水层的水头高度，才能保证开挖中坑底不出现突涌破坏。为了有效减小承压水的水头压力，确保基坑安全，上海中心大厦减压降水设计采用了数值模拟技术对地层渗流情况和承压水位埋深做了计算分析，为减压井设计和运营方案制定提供理论依据。

1. 基坑降水水文地质概念模型

考虑到潜水层与承压含水层之间在降水过程中可能发生水力联系，因此本次减压降水设计将潜水层、弱透水层以及第一、第二承压含水层一并纳入模型参与计算。考虑计算的准确性，模型平面尺寸取值为4300m×4300m，模型周边水头高度均按定水头边界处理。

2. 基坑降水数值模拟

根据模型尺寸范围的含水层结构、边界条件和地下水渗流场特征，将模型剖分为13层，每层103行、91列，剖分网格共121849个。网格立体剖分图如图3-24所示。

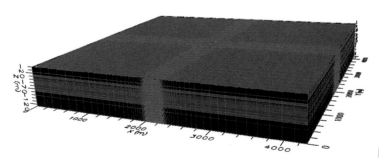

图3-24 研究区立体剖分图

3. 降水设计与计算

（1）塔楼区降水

本次减压降水设计计算中考虑初始承压水水头埋深为10.00m，地下连续墙已进入深层承压含水层组顶板以下约20.0～22.0m（围护地下连续墙深度为48.0～50.0m）。降水设计根据开挖工况进行考虑，分4种情况模拟计算、预测降水运行结果，如图3-25～图3-28所示。

（2）裙房区降水

考虑到裙房区分层分块进行开挖，所以降水设计根据开挖工况同步进行考虑，分区模拟计算、预测降水运行结果。地下3层基坑逆作开挖施工前，基坑降水主要以疏干降水为主，从地下3层开挖开始后减压井就必须抽取承压水，根据施工工况考虑地下3层挖土、地下4层挖土、地下5层挖土和大底板完成后继续降水运行，以四个工况进行降水计算，如图3-29～图3-32所示。

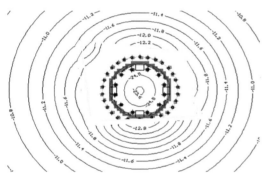

图3-25 塔楼基坑内减压降水5天后，承压含水层水位埋深等值线图（单位：m）

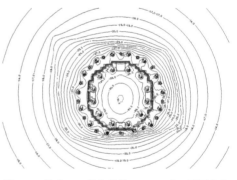

图3-26 坑内12口井和坑外14口55m井，承压含水层水位埋深等值线图（单位：m）

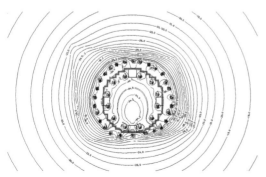

图3-27 坑内12口井和坑外14口55m井及8口65m井的承压含水层水位埋深等值线图（单位：m）

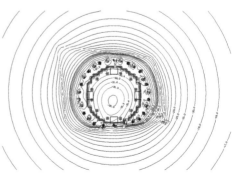

图3-28 开启塔楼区外侧14口65m降压井和14口55m降水井的承压含水层水位埋深等值线图（单位：m）

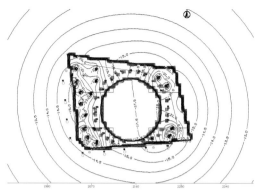

图3-29　裙房区B3层减压降水5天后承压含水层水位埋深等值线图（单位：m）

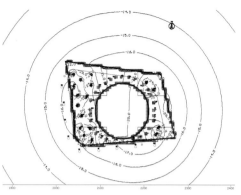

图3-30　裙房区B4层减压降水5天后承压含水层水位埋深等值线图（单位：m）

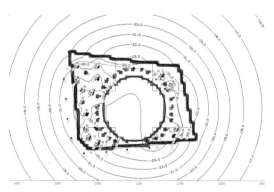

图3-31　裙房区减压降水5天后承压含水层水位埋深等值线图（单位：m）

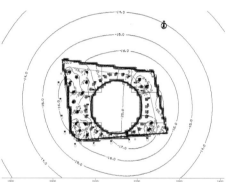

图3-32　裙房区减压降水5天后承压含水层水位埋深等值线图（单位：m）

3.3.3　地面沉降控制技术

1. 减压降水引起的地面沉降预测和控制

上海中心大厦基坑面积巨大，深度超深，减压降水时间周期长。由于第一、二承压含水层连通，围护墙不能隔断承压含水层，坑内降承压水必然会造成坑外承压水水头高度的降低，进而对坑外地面沉降有很大影响，经计算模拟，在长达600天的长期抽水后，紧邻基坑外侧的地面沉降值达到25～27mm，如图3-33所示。

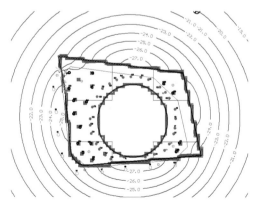

图3-33　裙房区降600天后地面沉降预测分布图（单位：mm）

为了减小承压水减压降水对坑外地面沉降的影响，采取了系列控制措施。第一是在降水井施工完毕，基坑开挖前做群井抽水试验，一方面验证围护墙的挡水效果，另一方面验证数值计算的结果，然后再确定实际的减压井运行方案；第二是采用信息化手段，对每日的降水量、内外观测井中的水位进行实时跟踪自动监测，发现问题及时调整降水方案；第三是尽量缩短减压井抽水时间和抽水量，根据实际减压井运行方案，再结合信息化监测数据，在满足基坑稳定的前提下，尽量减小承压水位降深，做到按需降水；第四是做好围护墙渗漏的应急准备，包括制定应急预案、准备足够的应急设备和材料、应急方案的预演等，确保在围护墙发生渗漏后能及时封堵，避免水土流失引起的坑外地面沉降；第五是在坑外设置承压水回灌井，在坑外地面沉降值偏大时实施承压水回灌。

2. 基于承压水减压降水环境影响模拟技术的止水帷幕深度优化

该区止水帷幕不能隔断第⑦、⑨层含水层，可适当加深止水帷幕。塔楼区地下墙深50.0m，墙厚1200mm，整个基坑为圆形，内径为121.00m。假定裙房区三种不同深度（43m、48m、53m）地下墙，计算裙房降水满足要求时降水对周边环境地面沉降的影响。

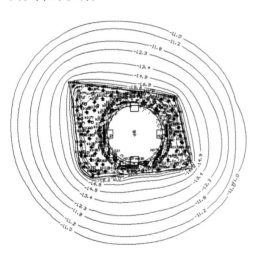

（1）工况一：裙房区地下墙深43m，裙房降水180天后，坑内达到安全水位要求-25.8m，如图3-34所示。

（2）工况二：裙房区地下墙深48m，裙房降水180天后，坑内达到安全水位要求-25.8m，如图3-35所示。

（3）工况三：裙房区地下墙深53m，裙房降水180天后，坑内达到安全水位要求-25.8m，如图3-36所示。

图3-34 降水运行180天后水位等值线图（43m地墙）

在基坑地下墙外侧临近基坑的四个不同角点上布置观测点（与水位观测井对应），根据不同的墙深度，对四个观测点水位降及地面沉降值进行比较，统计如表3-1所示。

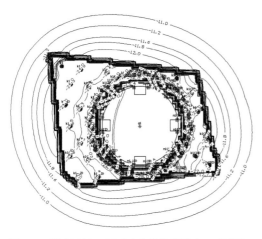 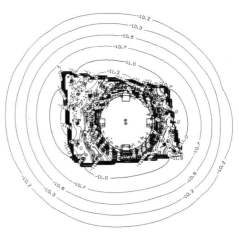

图3-35　降水运行180天后水位等值线图（48m地墙）　　图3-36　降水运行180天后水位等值线图（53m地墙）

结合开挖工况后降水运行引起的水位降预测统计　　　　　表3-1

地下墙深度（m）	坑外水位降（m）			
	东北	东南	西南	西北
43.00	8	5.9	8	5.2
48.00	3	3	3	2.5
53.00	1.4	1.4	1.4	1.2

由上表可知，地墙深度为43m时，坑外水位影响最大，可达8m。地墙深度为48m时，坑外水位影响较小。地墙深度为53m时，坑外水位影响最小，围护结构在考虑经济条件的情况下可选用工况二，亦可满足环境控制要求。

3.4　深基坑施工变形环境影响模拟技术

3.4.1　数字化模型建立

基坑本体三维建模功能是后续仿真研究的基础，模型的正确与否将直接影响到用户对整个研究区域地下空间环境的把握[14]，因此三维数字化模型的建立是基坑变形及环境影响分析的关键。

1. 数据导入

（1）地层数据导入

模型数据的导入是三维模型建立的基础。现在常用的地下工程模型数据导入方法主要依赖GIS和3DSMax。导入数据模型主要采用基于面的数据模型及基于体的数据模型。

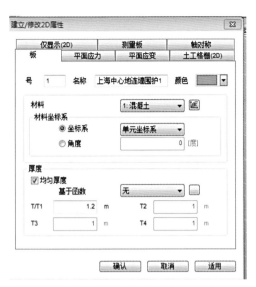

图3-37　上海中心大厦地下一层支撑属性设定

图3-38　上海中心大厦地连墙属性设定

（2）基坑围护体数据的导入

支护结构的空间位置可以根据CAD图纸模型导入，其力学参数和物理参数依靠实际情况通过数据导入。上海中心大厦工程中主要输入的几何参数和力学参数包括：支撑参数（截面积、惯性矩、抗压强度、抗弯强度）和板参数（厚度、抗弯强度、抗压强度），如图3-37所示。桩（直径、水平间距、嵌固深度、抗压强度、桩侧阻力、桩端阻力）和地下连续墙（宽度、嵌固深度、抗弯强度、摩擦系数、重度），如图3-38所示。

2. 材料本构模型的设定

在基坑开挖模型中常用的材料单元包括弹性、特雷斯卡Tresca、范梅塞斯Von Mises、摩尔–库伦Mohr-Coulomb、改良的摩尔–库伦、霍克布朗Hoek Brown、邓肯–张、软土蠕变。在上海中心大厦基坑数值模拟计算中，采用的本构模型主要有摩尔–库伦模型和弹性模型。

（1）弹性模型

在弹性模型中应力与应变直接成比例，参数是弹性模量和泊松比，这个模型适用于较岩土材料强度大得多的混凝土或钢材结构。

（2）摩尔–库伦Mohr-Coulomb

Mohr-Coulomb模型是按理想弹塑性定义。经大量工程实践证明，一般的岩土非线性分析采用Mohr-Coulomb模型结果是基本准确的。

图3-39 上海中心大厦五层土力学属性设定

Mohr-Coulomb模型塑性本构由黏聚力c（Cohesion Yield Stress）、摩擦角φ（Friction Angle）、剪胀角ψ（Dilation Angle）三个参数构成，实际计算中MC模型弹性阶段由E、υ弹性模型参数定义。其中c、φ可根据室内土工试验直剪试验或三轴试验直接获得，至于试验方法选取和取值折减等应根据实际工况（排水、固结条件）按规范要求执行。ψ对于软土取$\psi=0°$，建议密实砂土取15°，松砂取0~10°，土体的泊松比υ建议根据静力触探P_s值与泊松比经验关系选取，如图3-39所示。

3. 材料单元的设定

基坑施工中，常用的单元为1D梁（桁架）单元、2D板（壳）单元和3D实体单元。以下分别对这两种单元的设定进行说明。

（1）1D梁（桁架）单元

当模拟对象横截面尺寸小于轴向尺寸1/10时，可以使用1D单元，当只考虑轴力时，使用桁架单元较为合适，当要考虑剪力和弯矩时，采用梁单元。在上海中心大厦基坑施工数值仿真中对于混凝土支撑和围檩采用梁单元进行模拟。

（2）2D板（壳）单元

当模拟对象一个方向尺寸小于其他方向尺寸1/10时，可以使用2D板单元，在考虑厚度方向压力时，应当采用板单元，不考虑厚度方向压力情况下可以采用壳单元。在上海中心大厦基坑施工数值仿真中对于地连墙围护采用板单元模拟。

（3）3D实体单元

常用的主要有八节点六面体单元和四节点四面体单元，依据单元边线的中间节点数又可分为高阶单元和一般单元。实体单元仅有X、Y、Z三个位移自由度，没有旋转自由度。

三维网格划分时，六面体网格比四面体网格的稳定性更好。因此，八节点六面体单元和高阶单元的应力和位移模拟结果与实际情况比较相符。四节点单元的位移模拟结果精确性与八节点相差不大，但应力结果模拟精确度与八节点六面体单元相比较差。在上海中心大厦基坑施工数值仿真中采用六面体网格模拟基坑内部及周边土体。

4. 接触面的设定

为模拟不同材料或相同材料的边界行为，应当设定接触面关系，假定接触面摩擦力、摩擦系数及法向约束力的大小有比例关系。接触面多用于模拟岩石节理或结构–土的各种界面，如摩擦桩–土的界面、挡土墙–岩土的界面、衬砌–岩石的界面等[15]。

接触面需要设定法向刚度模量和剪切刚度模量，法向刚度模量取相邻单元较小的弹性模量值的10～100倍。剪切刚度模量取相邻单元较小的剪切模量的10～100倍。在上海中心大厦基坑施工数值仿真中，在地连墙和外部土体之间设定接触面单元。弹性模量和剪切模量取值为周边土体的30倍。

5. 模型边界的设定

大量基坑工程实践经验表明，基坑开挖影响宽度范围约为基坑深度的3～4倍，深度范围约为基坑深度的2～4倍，如图3-40所示。对于一般基坑，模型采用标准边界界定，即限定模型底部节点水平向和竖向位移为零，四周面水平沿围护墙方向水平和竖向位移为零，上表面为自由面。

6. 数值模型的形成

通过数据导入、本构设定、材料参数设定、模型边界设定后，可以建立整个上海中心大厦基坑开挖虚拟仿真模型，如图3-41所示。

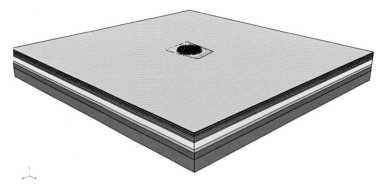

图3-40 上海中心大厦模型边界设定

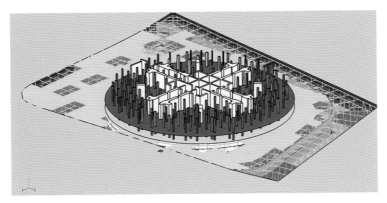

图3-41　基坑围护结构有限元模型（局部放大）

3.4.2　数字化仿真分析

1. 模拟分析基本方法

对于基坑施工这种岩土环境模型，一般使用弹塑性分析，本工程也不例外。在弹塑性分析中，主要认为剪切强度决定地基的稳定性，弹性刚度和剪切强度共同决定地基的变形。当荷载大于剪切强度时地基将产生塑性变形，当塑性变形发展到一定值后达到破坏状态。由于线弹性分析和非线性弹性分析均不能考虑材料破坏情况，因此当需要计算土体稳定性或考虑基坑大应变状态时需要采用弹塑性分析。

2. 基坑施工阶段定义

基坑开挖数字化模拟须定义分阶段施工步骤，定义如下：1阶段：初始岩土应力计算（包括地下水压力）；2阶段：第一层开挖；3阶段：第一层支撑安装；4阶段：第二层开挖；5阶段：第二层支撑安装……n阶段：开挖至坑底。一般而言，仿真计算中单元、荷载、边界的变化均发生在各施工阶段的开始步骤，故当实际施工过程中发生单元、荷载、边界的变化时，要把该变化定义为一个新的施工阶段。

在本次仿真过程中，对于单元、荷载、边界的变化，一般采用激活单元、荷载、边界或钝化单元、荷载、边界来完成施工阶段定义，对于材料参数的变化，主要模拟方法是更换材料性质。

考虑到基坑施工的时间效应，在本次仿真模拟中一般不是一次性完全释放钝化单元的全部应力，而是对单元自重通过荷载释放系数进行分步释放。适当调整荷载释放系数，控制分配给剩余单元的应力。

3. 模型推进机制

基坑开挖这类工程施工系统，是典型的离散系统。仿真推进通常采用事件步长法或时间步长法。事件步长法仿真的方法是用事件表按事件发生的先后顺序记录各个事件发生的时间和类型，当仿真钟推进到某个事件并处理了该事件后，将该事件从时间表中删除，仿真钟继续推进至下一个事件，重复上述过程，直至仿真结束。本方法仿真效率较高，计算时间较短。时间步长法是指按照时间的流逝顺序一步步对系统的活动进行仿真，在整个仿真过程中，时间步长的长度固定不变，它的基本思路是，在系统仿真过程中，将整个活动分成许多相等的时间间隔。本方法仿真编程较为方便，但仿真效率较低。鉴于本次仿真施工步较多，最终采用事件步长法作为模型推进方法。

4. 模型收敛标准

基坑施工数值模拟常用的收敛标准有位移收敛、不平衡力收敛和不平衡能力收敛标准。迭代过程中满足规定的收敛值时，就会自动进入下一步分析。

位移收敛标准是指第i次迭代计算中的位移增量范数与第i次迭代计算前的位移增量范数的比值。不平衡力收敛标准是指第i次迭代计算中的不平衡力范数与当前阶段使用的外力范数的比值作为收敛标准。能量收敛标准是指第i次迭代计算中的能量范数与当前阶段使用的能量范数的比值作为收敛标准。

一般而言，在进行基坑开挖变形分析时，主要采用不平衡力收敛和位移收敛标准进行迭代，只要初始力和位移能够达到10^{-3}或10^{-4}的精度，即认为可以忽略地应力平衡不精确对计算结果带来的影响。考虑到模拟精确性，对上海中心大厦的模拟其收敛标准为位移收敛精度10^{-3}，力收敛精度10^{-3}，两项均满足才认为迭代收敛。

5. 动态模拟全流程

基坑施工动态仿真全过程包括原始数据导入、模型的组合、工况设定、计算分析。其中材料的坐标属性可以从施工前的现场地质条件中得到。

导入三维坐标属性后组合形成初始模型，进而导入自重荷载以及材料属性模型、定义的剪切强度。

在工况模拟仿真过程中，采用各个施工阶段累加模型的概念，即各施工阶段只输入结构或者荷载的变化，生成施工阶段对应的单元，通过合并各单元模型和计算结果，并按时间顺序排序，就生成了对应基坑工程各施工工况的记录数据库。然后按时间顺序逐条读取数据库中的记录，用其更新基坑施工的演示模型，即实现了施工动态仿真[16]。整个上海中心大厦基坑开挖数字化模型仿真分析流程如图3-42所示。

6. 数值模型结果分析

（1）基坑及周边环境沉降

主楼（顺作）开挖至坑底时，基坑及周边环境的沉降如图3-43所示。根据沉降

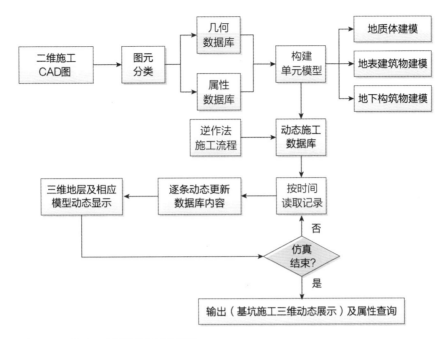

图3-42 上海中心大厦模拟分析流程图

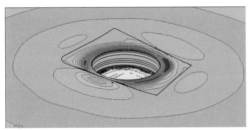

图3-43 主楼开挖至坑底时刻，基坑及3倍开挖深度范围内土体沉降云图

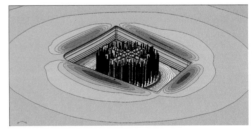

图3-44 裙房开挖至坑底时刻，基坑及3倍开挖深度范围内土体沉降云图

云图，最大沉降量约为10.0~11.0cm，位于圆形围护结构后侧约0.5倍开挖深度的区域（仍位于裙房基坑范围内）；裙房外地表最大沉降约为5.0~6.0cm，位于裙房基坑围护结构外侧约0.5倍开挖深度的位置。

裙房（逆作）开挖至坑底时刻，基坑及周边环境的沉降如图3-44所示。根据沉降云图，裙房外地表最大沉降约为7.0~8.0cm，位于裙房基坑围护结构外侧约0.5倍开挖深度的位置。

（2）坑底回弹

主楼（顺作）开挖至坑底时，基坑坑底竖向位移（回弹）分布如图3-45、图3-46所示。根据竖向位移云图，由于大量大直径工程桩的约束作用，坑底回弹量平均为3.0~4.0cm，且分布较为均匀。但是根据坑底回弹段剖面云图，由于基坑被

图3-45　主楼开挖到坑底时刻，坑底回弹云图

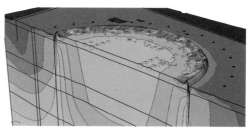

图3-46　主楼开挖到坑底时刻，坑底回弹断面云图及变形后的网格

图3-47　裙房开挖到坑底时刻，坑底回弹云图

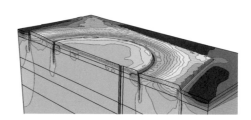

图3-48　裙房开挖到坑底时刻，坑底回弹断面云图及变形后的网格

动区土体承受非常大的剪应力，该区域土体处于塑性状态，产生了较大的塑性位移（应变累积）。因此在被动区域（约为开挖深度的0.3倍左右），土体的竖向位移（回弹）相对较大，可达8.0～9.0cm。

　　裙房（逆作）开挖至坑底时，基坑坑底竖向位移（回弹量）分布如图3-47、图3-48所示。根据竖向位移云图，由于工程桩以及主楼筒形地下连续墙的约束作用，裙房区域坑底回弹量为1.0～7.0cm。根据坑底回弹段剖面云图，靠近裙房地下连续墙、基坑被动区土体承受非常大的剪应力，该区域土体处于塑性状态，产生了较大的塑性位移（应变累积），土体的竖向位移相对较大，可达9.0～10.0cm。而靠近主楼地下连续墙外侧区域，坑底回弹量最大仅0.0～1.0cm左右。这主要是由于主楼区域施工至±0.000以后，竖向荷载对坑底土体加载产生的沉降部分抵消了主楼附近区域坑底回弹。

　　（3）裙房楼板的竖向位移

　　裙房区域采用逆作法施工，采用地下结构楼板作为水平支撑体系。根据各层楼板的竖向位移云图（图3-49～图

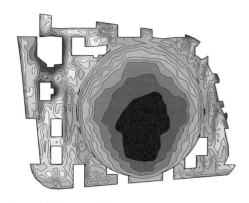

图3-49　裙房开挖到坑底时刻，B0F楼板的竖向位移

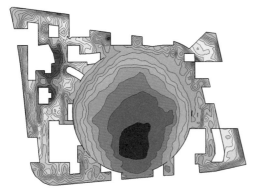
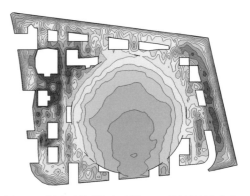

图3-50 裙房开挖到坑底时刻，B1F楼板的竖向位移　图3-51 裙房开挖到坑底时刻，B2F楼板的竖向位移

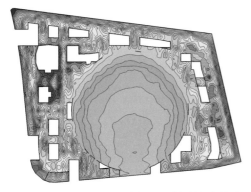
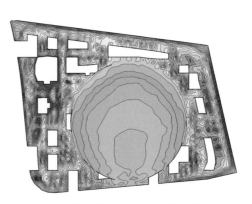

图3-52 裙房开挖到坑底时刻，B3F楼板的竖向位移　图3-53 裙房开挖到坑底时刻，B4F楼板的竖向位移

3-53），当裙房基坑逆作开挖至坑底时（底板未浇筑），B0F的竖向位移（隆起）为1.0～4.0cm；B1F的竖向位移（隆起）为1.0～3.0cm；B2F的竖向位移（隆起）为1.0～2.0cm；B3F的竖向位移（隆起）为1.0～1.5cm；B4F的竖向位移（隆起）为0.5～1.0cm。各层楼板的位移分布基本具有相同的趋势，一般大型取土口附近由于楼板的缺失荷载较小，因此最大的竖向位移（隆起）基本都位于此。具有大片连续未开洞的楼板区域，由于自重荷载较大，因此竖向位移（隆起）相对较小。而靠近主楼区域附近，由于主楼结构的施工加载而抵消了大部分隆起量，该区域的隆起量最小。

7. 数据汇总

最终模拟结果汇总如表3-2～表3-4所示。

（1）基坑及周边环境沉降

基坑及周边环境沉降 表3-2

分析工况	主楼基坑最大沉降量（cm）	主楼基坑最大沉降位置	裙房基坑及周边环境最大沉降量（cm）	裙房基坑及周边环境最大沉降位置
主楼基坑开挖至坑底	10.0～11.0	圆形围护结构后侧约 0.5H	5.0～6.0	裙房基坑围护结构外侧约 0.5H
裙房基坑开挖至坑底	—	—	7.0～8.0	裙房基坑围护结构外侧约 0.5H

注：H 为基坑开挖深度。

（2）坑底隆起量

考虑工程桩作用的坑底回弹量 表3-3

分析工况	坑底平均回弹量（cm）	局部最大回弹（隆起）量（cm）	局部最大回弹（隆起）位置（cm）
主楼基坑开挖至坑底	3.0～4.0	8.0～9.0	主楼地下连续墙开挖深度的 0.3H
裙房基坑开挖至坑底	1.0～7.0	9.0～10.0	裙房地下连续墙内侧 0.3H

注：H 为基坑开挖深度。

（3）裙房各层楼板的竖向位移

裙房各层楼板的竖向位移 表3-4

楼板层号	竖向位移（隆起）（cm）	最大竖向位移发生位置	最小竖向位移发生位置
B0F	1.0～4.0	大型取土口附近	大片连续未开洞的楼板区域，靠近主楼区域
B1F	1.0～3.0		
B2F	1.0～2.0		
B3F	1.0～1.5		
B4F	0.5～1.0		

3.5 基坑变形可视化监控与预警平台系统

3.5.1 数字化基坑监控系统平台架构

1. 系统建设目标

综合上海中心大厦的管理状况，针对工程建设过程中的监测和管理，贯彻落实工程建设安全风险技术管理体系，主要目标是实现基坑变形可视化监控与预警。

（1）建立基坑变形可视化监控机制的益处

1）建立可视化的现代工程安全管理模式，将技术、管理及信息系统进行有效整合，形成主动安全与被动安全相结合的风险防范机制。

2）实时监控施工现场，满足工程项目对于施工现场实际情况的远程全天候安全监控。

3）从工程资料中评估工程建设过程中各个实施环节中的利弊，提炼，总结经验，更合理、有效、有针对性地指导后续实施。

（2）建立地下工程风险预警机制的益处

1）加深对影响地表和土体变形因素的认识，采取针对性施工措施减小地表和土体的变形。

2）对地表和土体变形趋势进行预测分析，并根据分析结果确定采取哪些经济合理的保护措施。

3）核查基坑施工引起的基坑变形和地面沉降是否超标。

4）建立预警机制，使得安全风险可视化，提高安全风险管理水平，减少处理安全事故增加的工程造价。

5）为研究地表沉降和土体变形的规律及设计计算方法积累数据，为改进围护设计提供依据。

2. 基坑变形可视化监控与预警系统简介

基坑变形可视化监控与预警平台系统是针对上海中心大厦工程基坑超大超深、工况复杂、安全风险技术和管理难度大的特点，建立的一个高效的信息管理平台，有效地控制基坑施工安全风险，远程管理系统界面如图3-54所示。

图3-54　系统登录界面

基坑变形可视化监控与预警平台系统作为工程建设远程安全风险监控与管理信息化的重要工具，主要功能如下：

（1）工程现场监测数据的录入和分析，可生成各类数据分析图形；

（2）对基坑施工各阶段的安全风险进行排查、评估，及时发布报警信息；

（3）作为工程勘察、设计、施工技术文档的共享平台，保证施工监测数据和其他相关数据的及时、有效、准确。

3. 坑变形可视化监控与预警平台系统

（1）工作模式及流程

基坑变形可视化监控与预警平台系统是基于Web登录的远程管理系统，系统具体工作流程实现如图3-55所示。

（2）系统优点

1）系统解决了传统信息方式造成的信息沟通不畅、监测数据流程长的问题，实现了信息的扁平化处理，提高了沟通效率。

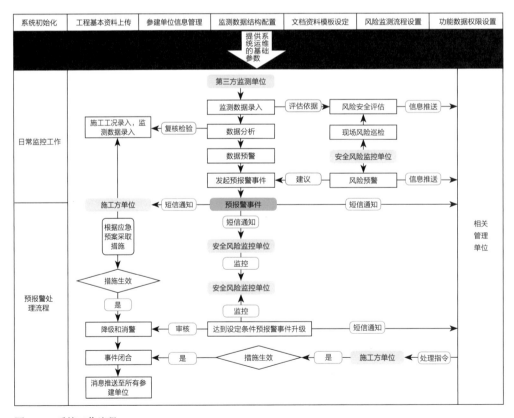

图3-55 系统工作流程

2）构建了项目安全信息管理平台，信息集中便于查询、使用与管理。

3）实现海量数据汇总，可为安全状态快速分析提供安全预警、建议措施、动态管控。

4）能够实现自动快速预警。

5）风险应急响应速度快。

6）能够实现数据分析、评估及预警。

3.5.2 基坑变形可视化监控预警实施

基坑变形可视化监控与预警平台系统的主要目标是针对上海中心大厦超深基坑工程施工的监测和管理，采集、汇总和分析基坑和周边环境监测数据和现场信息，设定变形警戒值，对基坑安全状态作评估及管理，提高基坑施工安全管理水平。主要功能如图3-56所示。

图3-56 基坑变形可视化监控与预警平台系统功能模块

1. 基坑变形可视化监控实施

（1）信息、数据采集可视化

系统具备监测数据采集与分析功能，能够自动汇总监测方报送的数据，进行后台分析和监测信息展示，并提供信息的查询、打印等多种辅助功能。

1）监测数据人工采集

系统提供监测数据人工录入功能模块，且提供人工录入数据，各类文档数据复制，通过固定报表格式导入数据等多途径的数据录入方式，项目部须配置专人将每天的监测日志信息和监测数据都录入系统中。系统还提供了监测权限设置功能，对不同监测单位上传的日志和数据分开管理，人工数据采集界面如图3-57所示。

2）监测数据自动采集

为了减少人工录入的工作量，系统还预留了和多种自动采集仪器的数据接口，方便系统从自动采集仪器上自动获取相关的数据信息储存到系统中。

3）数据过滤

监测数据录入功能模块内置监测数据信息的过滤功能，用户可以通过设定需要过滤的数据范围，筛选有效的数据进行初步校验。

4）数据存储归档

系统还具有数据筛选和存储功能，可将监测数据按照标准格式进行有效存储。

（2）施工现场可视化

系统可满足上海中心大厦工程对于施工现场实际情况的远程全天候安全监督。用户可对整个项目进行多画面预览，可以实现视频资料的保存、回看、抓拍、语音对讲等功能，并可以通过远程控制对视频焦距、摄像头角度方向实现调节。

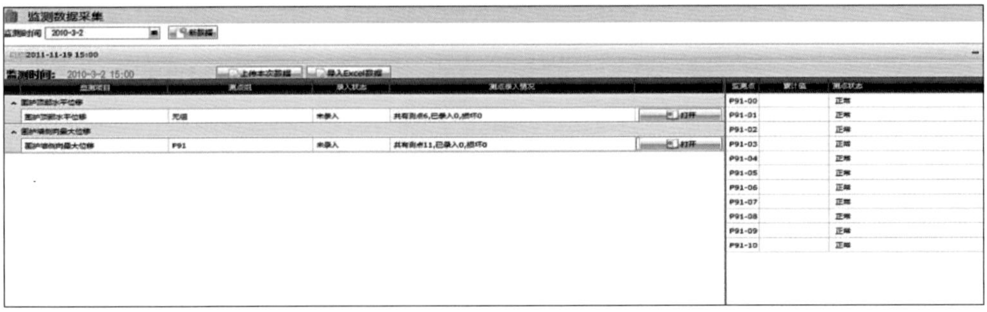

图3-57　上海中心大厦人工数据采集

（3）工程资料管理可视化

1）文档资料分类管理

系统提供工程资料分类管理功能，能够对项目参建各方的各种工程资料进行分类管理，管理的主要内容包括勘察设计资料、施工资料和监测资料等日常信息，系统还提供各类资料的查找和查阅功能。

2）文档资料关联

工程资料管理模块提供了资料关联功能，方便用户在查看一份工程资料的同时，也能了解该资料相关的其他资料。

3）文档资料综合查询

为了方便用户查阅文档资料，系统提供了文档查询功能，不仅可以通过标题、关键字、内容等简单的方式进行查询，还提供了根据文档的属性、级别、等级等进行关联查询。

4）CAD图显示

实现对工程各建设阶段工程图纸CAD电子化管理，方便用户通过系统平台调阅工程CAD图，如图3-58所示。

（4）地图浏览可视化

该功能提供了更加直观的管理方式，用户可通过地图直接查找工地分布和安全状态，如图3-59所示，也可以通过链接快速进入系统各功能模块。

（5）安全评估可视化

1）每日工程安全评估

为方便用户和专业技术人员对基坑工程各施工阶段进行安全状态评估，系统设置了每日最新评估功能模块，可将评估的结果上传到系统中。系统还提供给管理者多种形式的每日安全评估信息的展示界面，用户可以通过各种形式直观清晰地了解

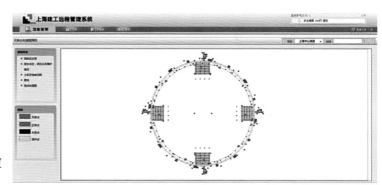

图3-58 上海中心大厦
CAD测点图查看

图3-59　地图版首页视图

每日工程的安全情况。

2）每周、每月监控分析报告

系统提供周、月的监控分析报告模板，可自动统计工程的进展情况和该时间段的监测数据，提供给专业技术人员进行分析补充，如图3-60所示。

3）历史安全评估查询

系统提供历史安全评估事件综合管理功能模块，可以对项目基坑工程历史记录资料进行归档和查询，使得用户能够快捷地查询各种历史资料信息，并提供可拖拽的快速导航栏，帮助用户精确定位到所关注的内容上。

2. 基坑预警实施

（1）数据分析超限预警

1）综合数据自动分析汇总

系统能够对最新监测数据和历史监测数据进行自动汇总统计，生成监测数据分析报表，如图3-61所示。报表能反映各监测点监测数据的本次变化值、变化最大

图3-60　上海中心大厦安全评估报告

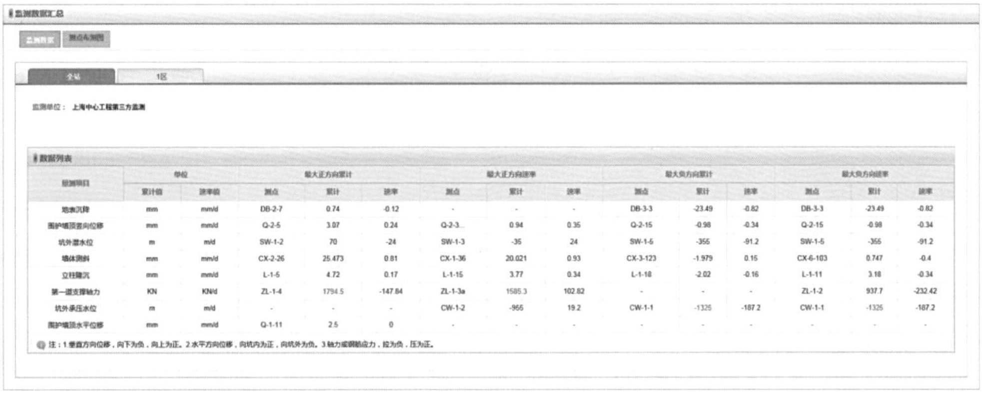

监测数据汇总

监测数据 | 测点布测图

全站 | 1区

监测单位： 上海中心工程第三方监测

数据列表

监测项目	单位		最大正方向累计			最大正方向速率			最大负方向累计			最大负方向速率		
	累计值	速率值	测点	累计	速率	测点	累计	速率	测点	累计	速率	测点	累计	速率
地表沉降	mm	mm/d	DB-2-7	0.74	-0.12	-	-	-	DB-3-3	-23.49	-0.82	DB-3-3	-23.49	-0.82
围护墙顶竖向位移	mm	mm/d	Q-2-5	3.07	0.24	Q-2-3...	0.94	0.35	Q-2-15	-0.98	-0.34	Q-2-15	-0.98	-0.34
坑外潜水位	m	m/d	SW-1-2	70	-24	SW-1-3	-35	24	SW-1-5	-355	-91.2	SW-1-5	-355	-91.2
墙体测斜	mm	mm/d	CX-2-26	25.473	0.81	CX-1-36	20.021	0.93	CX-3-123	-1.979	0.15	CX-6-103	0.747	-0.4
立柱隆沉	mm	mm/d	L-1-5	4.72	0.17	L-1-15	3.77	0.34	L-1-18	-2.02	-0.16	L-1-11	3.18	-0.34
第一道支撑轴力	KN	KN/d	ZL-1-4	1794.5	-147.84	ZL-1-3a	1585.3	102.82	-	-	-	ZL-1-2	937.7	-232.42
坑外承压水位	m	m/d	-	-	-	CW-1-2	-955	19.2	CW-1-1	-1325	-187.2	CW-1-1	-1325	-187.2
围护墙顶水平位移	mm	mm/d	Q-1-11	2.5	0	-	-	-	-	-	-	-	-	-

注：1.垂直方向位移，向下为负，向上为正。2.水平方向位移，向坑内为正，向坑外为负。3.轴力或钢筋应力，拉为负，压为正。

图3-61　上海中心大厦数据汇总

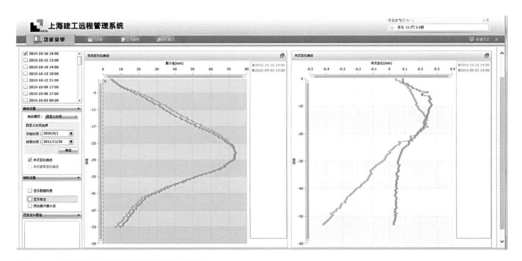

图3-62　上海中心大厦测斜数据曲线分析

值、变化最小值、累计变化值、累计最大值、累计最小值等数据，自动统计排列形成系统报表。

2）综合曲线分析

系统可建立各种监测信息的分析统计模型，对施工进度及各方监测数据之间的对比分析和关联分析等各类信息进行统计和分析，方便各参建方能够就监测数据做实时交流。另外，系统还可对各类监测数据做统计曲线绘制，可绘制监测数据、变化量、变化速率等的时间过程曲线、进尺过程曲线、分布曲线、断面曲线等。

系统可以对各监测信息进行分析处理，自动生成数据曲线。系统可生成累计变化曲线、本次变化曲线，还可以对单个测点生成历史变化的曲线，对类似测斜等分组的量测项目生成组变化曲线，如图3-62所示。

3）监测报表输出

系统能够按要求自动输出打印各种日报、周报、月报、巡查报告、评估诊断报告、警报、项目考核、施工验收等专项报告。

4）信息查询

系统能对所有的数据、信息、图形、资料进行分类、分项管理和存储，在界面系统采用菜单管理的方式，对不同的信息采用不同的菜单结构进行分类管理，使得用户感觉目录结构存储十分清晰。另外系统提供综合的信息检索、查询功能，可以根据标题、内容、概要信息、关键字等进行信息快速查询。

（2）预报警事件管理

1）监测预警、报警标准设定功能

系统提供监测预警、报警设定功能，能够依据设计标准和行业标准设定监测项目的预警标准和预警参数。系统不但能对量测项目进行标准和参数的设定，而且能对不同量测项目下各测点单独进行设定。

2）自定义预警、报警功能处理流程

系统能够设定预警报警的触发条件，通过录入的监测数据和设定的预警值比较实现预警、报警的自动提示功能；系统还提供分级的人工预警、报警流程定义、流转功能，并可和视频监控功能、风险预案管理、专家会商功能紧密结合，在预警、报警事件发生后，能够快速启动专家会商功能进行多方专家会商，并通过视频监控系统辅助决策，形成解决方案。

3）预报警信息发布

系统可以进行实时多渠道综合的预报警信息发布：

①预警报警信息通过数据汇总报表进行信息提示；

②预警报警信息通过数据曲线功能提示；

③预警报警信息通过图形信息进行提示；

④通过事务流的形式在管理系统中发布；

⑤通过GIS系统预警报警系统进行提示发布。

4）报警升级处理实施流程

系统报警升级处理流程如图3-63所示。

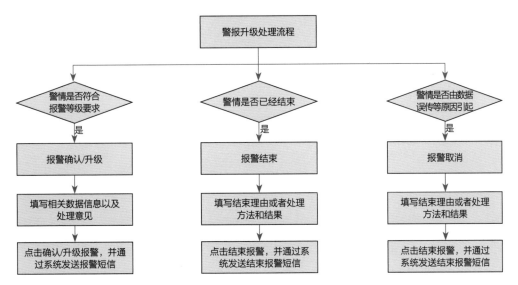

图3-63　报警升级处理流程

CHAP
4

第 4 章

主体结构工程数字化建造技术

4.1 大体积混凝土数字建造技术

4.1.1 温度与裂缝数字化控制技术

上海中心大厦底板混凝土强度为C50，厚度超过6m，总方量为6.1万m³，底板混凝土施工关键是控制由平均降温差和收缩差引起过大的温度收缩应力而造成的贯穿性裂缝的产生，底板裂缝控制难度大。底板浇筑前需要对混凝土浇筑后水化热、底板应力进行计算分析，通过计算分析大体积混凝土硬化过程中的应力变化情况，为大体积混凝土裂缝防治提供技术支撑。

1. 数字化仿真模型

大体积混凝土底板采用传统手段无法进行温度场及应力场计算，只能借助数字化仿真手段进行计算分析，根据上海中心大厦底板结构特点采用对称性模型，建立底板1/4部分的有限单元模型，仿真计算中考虑了底边周围以及底部土体对热量传导的影响。仿真模型建立的关键在于正确地选取材料信息、约束条件以及外部荷载条件。

上海中心大厦底板混凝土温度应力计算根据现有规范及图纸选取材料相关信息。底板混凝土在3月底浇筑，环境温度约为15℃。根据以往经验，混凝土的入模温度略高于气温，约为20℃左右。底板周边、底部以及顶面均考虑热量流失，其中顶面采用两层薄膜、两层麻袋进行保温保湿养护。整体模型及底板模型如图4-1、图4-2所示。

2. 大体积混凝土温度应力计算分析

在底板内设置节点作为温度时程数据采集点，节点编号从底到顶依次为N0～N6，间距约1m，如图4-3所示，对底板不同深度位置温度及温度应力进行计算分析。

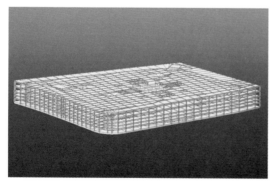

图4-1 地下室整体模型图

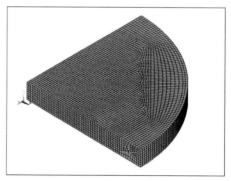

图4-2 基础底板模型图

（1）底板内部温度计算结果

根据仿真计算，底板中心区域混凝土内部最高温度约69.3℃，峰值出现在第4.5d，持续时间段约在第4.5～6d，达到峰值后，混凝土核心区域降温较慢，约0.375℃/d；底板底部温度达到温度峰值约52℃后，基本维持不变；混凝土表面温度约在第3d达到峰值54.9℃，之后下降较快；核心区域与表面最大温差为24.2℃，持续时间约在第10～15d。综上所述，在两层薄膜、两层麻袋保温保湿养护措施下，主楼基础底板的核心最高温度和内外温差均在规范可控范围内。基础底板温度分析模型及结果如图4-4、图4-5所示。

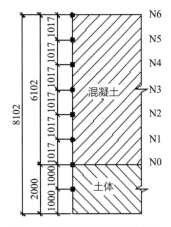

图4-3 温度时程采集点及其编号

（2）温度应力计算结果

大体积混凝土的裂缝控制关键是控制贯穿性裂缝的产生，贯穿性裂缝主要是由平均降温差和收缩差引起过大的温度收缩应力而造成的。计算结果如图4-6所示，浇筑完成后至底板温度降温完成，底板最大温差为61.9℃，计算温度应力为1.846MPa，小于C50混凝土的抗拉强度设计值1.89MPa。

4.1.2 底板后浇带封闭计算分析

为防止不均匀沉降造成底板开裂，底板在核心筒和裙房之间设置有后浇带，从底板受力角度分析结构封顶后封闭后浇带对底板受力最为有利，而从施工角度后浇带的存在给材料运输和室内装饰施工带来一定的影响，因此需要合理确定后浇带封闭时间，协调施工和底板受力之间的矛盾，控制底板不均匀沉降裂缝的出现。上海

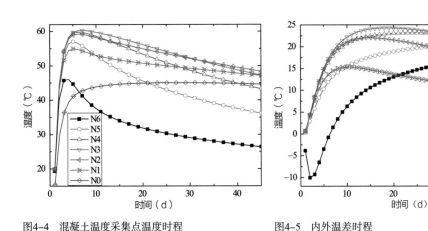

图4-4 混凝土温度采集点温度时程　　　　图4-5 内外温差时程

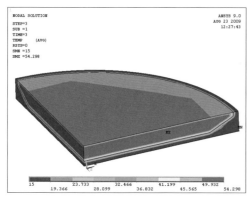
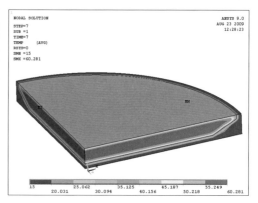
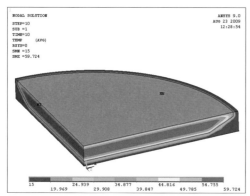
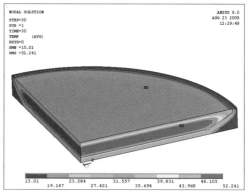

图4-6 浇筑完成后3d、8d、14d、30d温度场分布情况

中心大厦底板封闭时间的选择采用数字化仿真计算手段，针对不同封闭时间进行了底板应力计算，通过有限元仿真分析预测后浇带封闭后，在上部结构加载作用下基础的沉降变形与底板应力情况，根据计算结果确定合理的封闭时间。

1. 仿真计算模型

底板下方土体按竖向弹性支撑考虑，根据实测基础变形数据及上部荷载情况，计算土弹簧的基床系数约为$K=17000\text{kN/m}^3$。模型中地基水平阻力系数C_x取0.02N/mm^3，考虑桩基影响增大20%，为提高计算速度将上部结构折算成相应荷载作用在底板上，底板核心筒与裙房分离模型如图4-7所示。

2. 计算结果

核心筒与剪力墙上按比例分配加载至63.8万t，后浇带封闭后，预测主体施工完毕后基础的变形为48.6mm，最大压应力为18.18MPa，底板的最大拉应力为3.81MPa；后浇带的最大压应力为4.56MPa，后浇带的最大拉应力为0.58MPa，此时后浇带的最大剪切应力为1.96MPa，后浇带的最小剪切应力为0.10MPa。计算结果如图4-8 ~ 图4-17所示。

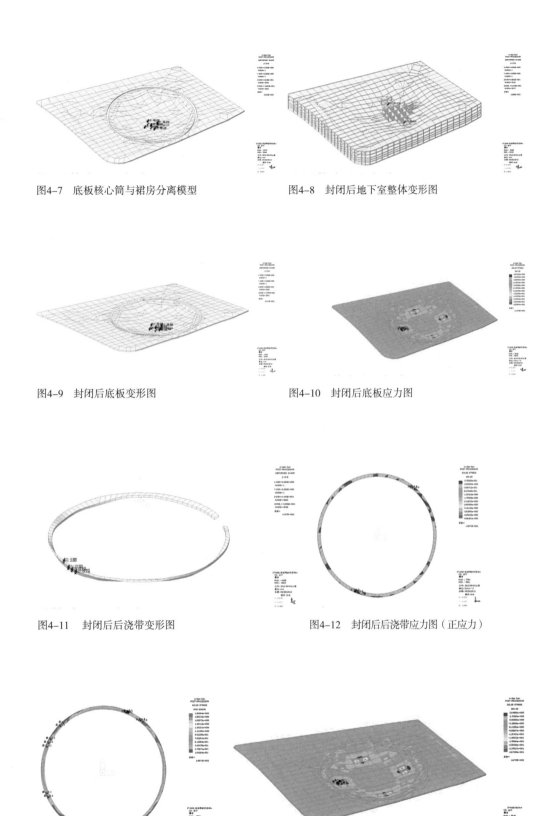

图4-7　底板核心筒与裙房分离模型　　　　　图4-8　封闭后地下室整体变形图

图4-9　封闭后底板变形图　　　　　　　　　图4-10　封闭后底板应力图

图4-11　封闭后后浇带变形图　　　　　　　　图4-12　封闭后后浇带应力图（正应力）

图4-13　封闭后后浇带应力图（剪切应力）　图4-14　封闭后底板应力图

图4-15 封闭后后浇带变形图　　图4-16 封闭后后浇带应力图（正　图4-17 封闭后后浇带应力图（剪
　　　　　　　　　　　　　　　　　　　　　应力）　　　　　　　　　　切应力）

3. 小结

计算结果可知，加载到63.8万t时，底板及后浇带混凝土计算应力小于裂缝开展应力，在上部结构施工至63.8万t时封闭后浇带可行。

4.2 混凝土超高泵送数字化仿真技术

4.2.1 超高泵送工程概况

上海中心大厦工程核心筒全部采用C60混凝土，巨型柱混凝土强度等级在37层以下为C70，37~83层为C60，83层以上为C50，楼板混凝土强度等级为C35。图4-18为上海中心大厦主楼结构混凝土强度及泵送高度分布示意图。

在混凝土泵的选型中，200m高度以下混凝土浇筑采用2台HBT90CH-2135D型混凝土输送泵，另外配备1台备用泵；200~556m高度混凝土浇筑采用2台HBT90CH-2150D型混凝土输送泵，另外配备1台备用泵；556m高度以上采用1台HBT90CH-2150D型混凝土输送泵，另外配备1台备用泵。

HBT90CH-2150D型混凝土输送泵的出口压力是目前世界上最大的，理论混凝土输送量在24MPa压力下为90m³/h，在48MPa压力下为50m³/h。混凝土输送管采用内径150mm的超高压耐磨抗爆输送管。输送管规格分为3m、2m、1m三种，弯管有90°、45°、30°三种。

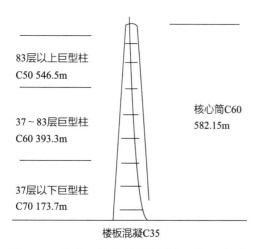

图4-18 上海中心大厦主楼结构混凝土强度及泵送高度分布图

4.2.2 仿真方法的选择

混凝土超高泵送仿真的关键是确定将混凝土输送至特定高度所需要的泵送压力以及混凝土在输送管中的流动状态，从而为混凝土制备以及泵送施工提供指导。混凝土超高泵送一般都是垂直向上泵送，需要考虑重力作用，混凝土泵送压力需要超过混凝土在输送管中输送的流动阻力和其自身的重力。结合混凝土的材料组成及其流动性特点，对混凝土泵送的仿真主要考虑两种方法：计算流体力学方法（CFD）和离散元方法（DEM）。

计算流体力学方法（CFD）将研究对象作为各向同性的连续流体考虑，基于理论流体力学，通过计算机数值方法求解流体的流动方程，得到流场内各个位置上的速度、压力、温度等的分布，以及这些物理量随时间的变化。

离散元方法（DEM）将研究对象看作不连续的离散介质，各个离散单元之间通过合理的作用规律相联系，根据牛顿第二定律，采用计算机求解各个离散单元的运动方程，从而获得整个研究对象的形态。

从混凝土的材料组成上来看，新拌混凝土主要包括由水泥等胶凝材料与水形成的浆体及粗细骨料等颗粒体两部分，既有连续流体的性质也有离散介质的特征。不过，上海中心大厦工程泵送混凝土主要采用大流动性混凝土，部分楼层采用自密实混凝土，其流体性质十分显著。因此，选择计算流体力学方法（CFD）对混凝土超高泵送进行仿真。

在各类CFD计算中比较适合混凝土泵送特点的是有限体积法（FVM），其适合用于对内部流场和泵送压力的数值计算，因此选择采用FVM原理的计算流体力学软件Fluent 6.3进行数值仿真分析。

4.2.3 仿真模型的建立

1. 几何模型

对混凝土泵送的数值仿真属于典型的圆管流动问题，建模以输送管的尺寸为依据。上海中心大厦工程采用ϕ150输送管，从形状上可分为直管和弯管。图4-19为不同规格的直管和弯管几何模型示意图。

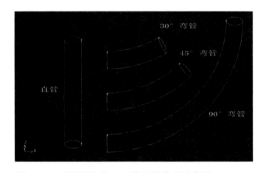

图4-19　不同规格的ϕ150输送管模型示意图

2. 模型网格划分

基本模型建立后需要对模型划分网格。出于考察网格划分对仿真计算结果影响的考虑，选择不同单元形式及大小进行网格划分，如表4-1所示，表中列出了模型横截面上网格划分形式和划分单元数量。

模型网格划分 表4-1

单元形式	单元大小		
	5	10	15
Hex–Cooper	159200 单元	21726 单元	6052 单元
Tet/Hybrid–TGrid	947122 单元	129048 单元	39836 单元
Tet/Hybrid–Hex Core(Native)	559746 单元	93410 单元	26114 单元

3. 模型边界条件类型设定

对于流动的出入口，Fluent提供了10种边界单元类型，包括速度入口、压力入口、质量入口、压力出口、压力远场、自由出流、进风口、进气扇、出风口以及排气扇。在混凝土超高泵送仿真中，由于泵送压力是仿真求解项，入口边界条件不可设置为压力入口，同时混凝土为不可压流，泵送流量容易获得，所以将入口边界条件设置为速度入口，出口边界条件设置为压力出口。

4.2.4 仿真参数的确定

1. 网格划分形式和大小

首先考虑不同网格划分形式对仿真结果的影响，按照不同的单元形式［Hex-Cooper、Tet/Hybrid-TGrid、Tet/Hybrid- Hex Core（Native）］进行网格划分，网格单元大小统一设置为10，混凝土流体采用宾汉姆模型，屈服应力100Pa，塑性黏度40Pa·s，入口设置为速度入口，入口速度0.5m/s（对应混凝土流量31.8m³/h），出口设置为压力出口，出口静压0Pa（已将操作压力位置设置为出口处），离散采用二阶离散格式，迭代次数为300。通过仿真计算得到每米压力损失值以及出口的速度云图，如图4-20所示。

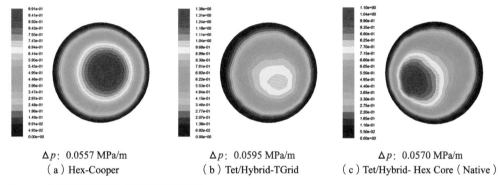

（a）Hex-Cooper   （b）Tet/Hybrid-TGrid   （c）Tet/Hybrid- Hex Core（Native）

Δ*p*: 0.0557 MPa/m   Δ*p*: 0.0595 MPa/m   Δ*p*: 0.0570 MPa/m

图4-20 不同网格划分形式的仿真计算结果

由上图以及表4-1中不同网格划分形式的单元数量可知：

（1）3种网格划分单元形式的仿真压力损失大小排列规律为：Tet/Hybrid-TGrid > Tet/Hybrid-Hex Core（Native）> Hex-Cooper，与网格单元数量大小排列规律一致。

（2）相比于Tet/Hybrid-TGrid，Hex-Cooper和Tet/Hybrid-Hex Core（Native）网格划分单元形式的出口速度分布呈现比较明显的层流特征，从最内层到最外层速度逐渐减小至0，但Hex-Cooper对称性更好。

综上所述，Hex-Cooper网格划分单元形式的仿真结果更符合理论分析结果，因此选定Hex-Cooper作为后续仿真计算所采用的网格划分单元形式。下一步分析不同网格单元大小对仿真计算结果的影响，按照Hex-Cooper单元形式划分网格，网格单元大小分别选择5、10、15，其他设置同上，仿真结果如图4-21所示。

由图可知：对于同一种网格划分单元形式，仿真压力损失随着网格单元大小减小而增大；网格单元大小为15时，出口内层流场呈现方柱流，表明网格单元太大，

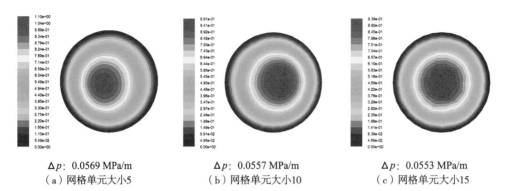

Δp: 0.0569 MPa/m

（a）网格单元大小5

Δp: 0.0557 MPa/m

（b）网格单元大小10

Δp: 0.0553 MPa/m

（c）网格单元大小15

图4-21　不同网格单元大小的仿真计算结果

仿真精确度存在问题；Hex-Cooper网格单元大小为10和5时，出口速度分布比较理想，均满足仿真计算准确性和精确度的要求，但网格单元大小为5时网格单元数量过多，计算速度会受到影响。在满足实际应用的前提下，为了减少计算时间，后续计算选择单元大小为10的Hex-Cooper网格划分形式。

2. 离散格式

为了对比不同离散格式对仿真结果的影响，分别选择一阶迎风格式（First Order Upwind）、二阶迎风格式（Second Order Upwind）和QUICK格式等三种离散格式进行仿真计算。其他参数设置同上一节。图4-22列出了不同离散格式的仿真计算结果。

从图4-22可见，采用不同的离散格式的仿真压力损失差别不大，而从出口速度云图来看，反而是一阶迎风格式的速度云图对称性最好，这表明对于呈层流状态的混凝土超高泵送仿真而言一阶迎风离散格式已经能很好地满足实际应用需求。

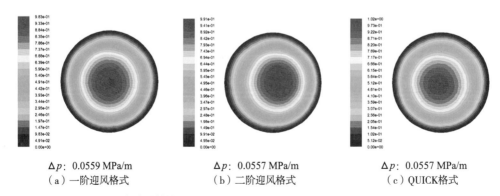

Δp: 0.0559 MPa/m

（a）一阶迎风格式

Δp: 0.0557 MPa/m

（b）二阶迎风格式

Δp: 0.0557 MPa/m

（c）QUICK格式

图4-22　不同离散格式的仿真计算结果

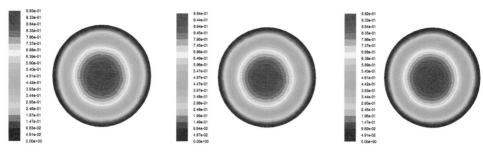

Δp：0.0559 MPa/m Δp：0.0557 MPa/m Δp：0.0557 MPa/m

（a）SIMPLE：收敛于91次迭代　（b）SIMPLEC：收敛于71次迭代　（c）PISO：收敛于82次迭代

图4-23　不同压力–速度耦合算法的仿真计算结果

3. 压力–速度耦合算法

Fluent提供了三种可选的压力–速度耦合算法：SIMPLE（Semi-Implicit Method for Pressure-Linked Equations）、SIMPLEC（SIMPLE Consistent）和PISO（Pressure Implicit with Splitting of Operators）。为了对比不同压力–速度耦合算法对仿真结果的影响，分别选用上述三种算法，离散格式采用一阶迎风格式，其他参数同上一节。图4-23列出了不同压力–速度耦合算法的仿真计算结果。

由图4-23可见，采用SIMPLEC压力–速度耦合算法的仿真计算，出口速度云图对称性最好，对于内层流场的处理要优于SIMPLE和PISO算法，而且SIMPLEC收敛最快。因此，确定混凝土超高泵送仿真计算使用SIMPLEC压力–速度耦合算法。

4.2.5　超高泵送仿真分析

1. 流变学参数对泵送压力损失的影响

采用宾汉姆流变模型，研究仿真泵送压力损失在不同屈服应力和塑性黏度取值水平时的变化规律。仿真模型网格划分采用单元大小为10的Hex-Cooper形式，使用一阶迎风离散格式，压力–速度耦合采用SIMPLEC算法。入口设置为速度入口，入口速度0.5m/s，出口设置为压力出口，出口静压0Pa。仿真结果如表4-2所示。

不同屈服应力和塑性黏度取值水平的仿真泵送压力损失（MPa）　　　　表4-2

屈服应力＼塑性黏度	20	30	40	50	60	70
0	0.0381	0.0454	0.0528	0.0602	0.0676	0.0749
50	0.0397	0.0471	0.0543	0.0617	0.0693	0.0764
100	0.0412	0.0485	0.0555	0.0631	0.0706	0.0778

塑性黏度 屈服应力	20	30	40	50	60	70
300	0.0467	0.0538	0.0617	0.0690	0.0768	0.0847
500	0.0520	0.0591	0.0669	0.0736	0.0831	0.0912
700	0.0574	0.0663	0.0721	0.0798	0.0887	0.0983
1000	0.0680	0.0765	0.0837	0.0937	0.1010	0.1054
1500	0.0843	0.0967	0.1052	0.1127	0.1159	0.1146

分别绘制出不同塑性黏度水平下泵送压力损失对屈服应力的散点图和不同屈服应力水平下泵送压力损失对塑性黏度的散点图，并对每个水平的数据进行线性拟合，如图4-24和图4-25所示。

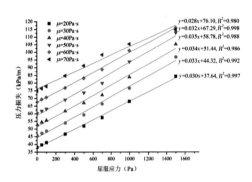

图4-24 屈服应力对泵送压力损失的影响   图4-25 塑性黏度对泵送压力损失的影响

由图4-24可知，在塑性黏度保持不变的情况下，泵送压力损失随着屈服应力增大而增大，基本上呈线性变化规律。由图4-25可知，在保持屈服应力不变的情况下，泵送压力损失随着塑性黏度增大而增大，当屈服应力低于1000Pa时，泵送压力损失与塑性黏度呈线性变化规律，而随着屈服应力进一步增大，压力损失与塑性黏度呈抛物线变化规律，压力损失随着塑性黏度增大的趋势有所减缓。

2. 流速对泵送压力损失的影响

选择不同的初始流速进行仿真计算，研究流速对仿真泵送压力的影响规律。混凝土屈服应力取100Pa，塑性黏度取40Pa·s，其他仿真参数同上一节。根据仿真结果绘制仿真泵送压力损失随着初始流速变化的散点图，并进行线性拟合，如图4-26所示。可见，泵送压力损失随着初始流速增大而增大，呈线性变化规律。

3. 输送管直径对泵送压力损失的影响

以往的工程混凝土输送管多选用φ125管，上海中心大厦工程首次使用φ150管。

为了对比两种管径混凝土泵送压力损失，分别建立两种输送管的模型，混凝土初始流速设定为0.5m/s，选用不同的流变学参数。仿真结果显示，相对于ϕ125管，选用ϕ150管可降低泵送压力。

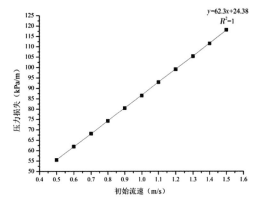

图4-26 流速对泵送压力损失的影响

4. 不同规格输送管的泵送压力损失

采用宾汉姆模型作为混凝土的流变模型，屈服应力取50Pa，塑性黏度取30Pa·s。使用一阶迎风离散格式，压力-速度耦合采用SIMPLEC算法。入口设置为速度入口，入口速度0.5m/s，出口设置为压力出口，出口静压0Pa。对不同规格的输送管的泵送压力损失按照《混凝土泵送施工技术规程》JGJ/T 10的规定进行计算，将计算结果与仿真结果进行对比，数据如表4-3所示。

不同规格的输送管泵送压力损失仿真值与标准计算值　　　　表4-3

输送管规格	仿真压力损失（MPa）	标准计算压力损失（MPa）
水平直管（每米）	0.0225	0.0035
竖向直管（每米）	0.0455	0.0175
水平90°弯管（每个）	0.0373	0.0315
竖向90°弯管（每个）	0.0619	0.0516
水平135°弯管（每个）	0.0180	0.0156
水平150°弯管（每个）	0.0124	0.0105

可见，对于超高泵送混凝土，按照行业标准计算的不同规格的输送管的泵送压力损失均偏低，特别是对于直管，偏低的幅度较大，原因在于行业标准中对泵送压力损失的计算依据的S·Morinaga公式中的K_1和K_2值是通过对坍落度的拟合数据得到的，而现代超高泵送混凝土多是大流动性乃至自密实混凝土，坍落度指标已经无法准确反映混凝土流动性，行业标准中的计算公式已经不适应混凝土超高泵送技术的发展。采用混凝土超高泵送仿真技术可为相关标准的制修订提供一定的参考价值。

5. 工程应用

上海中心大厦主体结构混凝土主要采用大流动性混凝土进行泵送，混凝土扩展度在500～800mm范围内，通过混凝土流变仪测试，其相应的流变学参数变化区间为：塑性黏度20～50Pa·s，屈服应力10～80Pa。根据本工程选用的混凝土输送泵的技术特点以及以往工程经验，混凝土泵送流量一般控制在20～70m³/h，换算为混凝土流速为0.3～1.1m/s。根据混凝土流变学参数和混凝土流速对泵送压力损失的影响的研究结论可知，混凝土泵送压力损失均随着塑性黏度、屈服应力、混凝土流速增大而增大。因此，可根据这三个参数的最小值和最大值确定两种极端泵送工况，代入仿真模型进行计算，即可得出泵送压力损失的最小值和最大值，从而可以为施工过程中泵送压力的控制提供指导。

另外，在泵送仿真分析中，为了计算的简化以及得出明确的规律性，忽略了润滑层的仿真。润滑层是由混凝土中的浆体和部分小颗粒组成的沿输送管壁分布的薄层结构。在实际泵送过程中，润滑层对混凝土泵送具有重要的意义，特别是大流动性混凝土，润滑层在一定程度上减少了混凝土泵送压力，有利于泵送施工的顺利进行。国内外相关的研究表明，大流动性混凝土在输送管中的润滑层平均厚度约为2mm，其流变学参数比砂浆略小，可通过湿筛法筛出混凝土中特定粒径以上的骨料或者直接按照骨料级配区间配制出砂浆来测得。这里采用直接配制法，去除混凝土配合比中所有的粗骨料和公称粒径1.25mm以上的细骨料，配制出砂浆并测试其流变学参数。不同的混凝土配合比所对应的润滑层流变学参数取值范围略有不同，但变化不大，可取平均值为：塑性黏度5Pa·s，屈服应力7Pa。泵送仿真中润滑层厚度取为2mm。图4-27为模型横截面上的网格分布及润滑层细部图。

分别按照混凝土本体塑性黏度、屈服应力、混凝土流速三者均取最小值（20Pa·s、10Pa、0.3m/s）和最大值（50Pa·s、80Pa、1.1m/s）代入仿真模型，其他参数同上节，计算得到单位长度压力损失分别为0.0298MPa/m和0.0545MPa/m。上海中心大厦C60混凝土泵送高度为580m，地面水平管按照《混凝土泵送施工技术规程》JGJ/T10—1995规定不宜

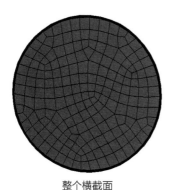

整个横截面

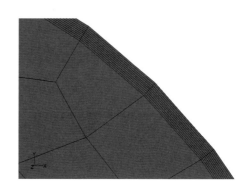

润滑层细部图

图4-27　考虑润滑层的仿真模型横截面网格分布

小于垂直管长度的四分之一（注：《混凝土泵送施工技术规程》JGJ/T 10—1995已于2012年3月1日起废止，由《混凝土泵送施工技术规程》JGJ/T 10—2011替代，但上海中心大厦地面水平输送管布设时JGJ/T 10—1995还在实施），取为145m。另外，为了减小停泵时输送管中混凝土对管路的冲击力，在管路中会设置一定数量的缓冲弯管，主要为90°弯管，但数量以少为宜，假定泵送到580m高度时设置了10个90°弯管，每个90°弯管在两个极端工况的压力损失经计算分别为0.0096MPa和0.0498MPa。这样，三部分压力损失合起来计算可得到泵送压力的估算值，对两个极端工况分别为18.3MPa和36.7MPa。

　　为方便显示，截取模型中从出口处到出口以下1m之间的部分，分别绘制两个极端工况时在竖向中心截面的压力分布图（图4-28）、速度分布图（图4-29）、速度场分布图（图4-30）以及出口横截面上的速度分布图（图4-31）。

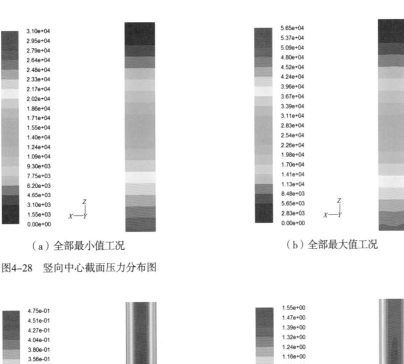

（a）全部最小值工况　　　　　　　　　　　　　（b）全部最大值工况

图4-28　竖向中心截面压力分布图

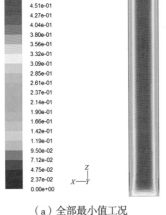
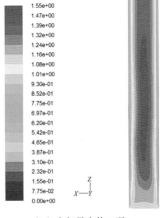

（a）全部最小值工况　　　　　　　　　　　　　（b）全部最大值工况

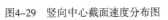

图4-29　竖向中心截面速度分布图

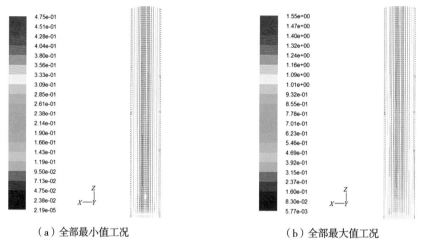

（a）全部最小值工况　　　　　　　　　（b）全部最大值工况

图4-30　竖向中心截面速度场分布图

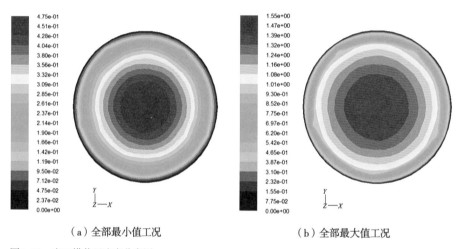

（a）全部最小值工况　　　　　　　　　（b）全部最大值工况

图4-31　出口横截面速度分布图

　　根据以上各图可了解上海中心大厦工程极端工况下的混凝土在输送管中的压力损失、流场分布情况，为满足不同泵送控制要求的施工参数的选择提供指导。比如在混凝土泵送到580m时要求泵送压力不大于30MPa，可以通过调整混凝土流动性（塑性黏度、屈服应力）或者控制混凝土泵送流量（混凝土流速）或者同时调整两者来实现。表4-4列出了通过仿真计算得出的泵送高度580m时满足不同泵送压力要求的若干施工参数组合。

泵送高度580m施工参数仿真数据表 表4-4

序号	施工参数			泵送控制要求
	塑性黏度（Pa·s）	屈服应力（Pa）	混凝土流量（m³/h）	泵送压力（MPa）
1	≤ 50	≤ 80	≤ 47.7	
2	≤ 40	≤ 50	≤ 52.8	≤ 30.0
3	≤ 30	≤ 20	≤ 57.9	
4	≤ 50	≤ 80	≤ 31.2	
5	≤ 40	≤ 50	≤ 38.2	≤ 25.0
6	≤ 30	≤ 20	≤ 39.4	

通过泵送仿真得到的施工参数组合为混凝土可泵性的控制提供了科学的手段和量化的指标，突破了传统以经验为主导的混凝土泵送控制方法的局限性，可降低泵送过程中堵管、爆管的风险，有效保证了超高层工程混凝土泵送施工的顺利进行。在上海中心大厦工程中，通过混凝土超高泵送仿真技术的应用，对混凝土流动性和泵送流量进行了合理的调整，成功将C60混凝土一次泵送至580m的结构高度，混凝土泵送压力为23.4MPa，实现了泵送控制目标。

4.3 钢结构工程数字化建造技术

4.3.1 数字化加工制作与安装技术

上海中心大厦钢结构体系极其复杂，且与混凝土结构、幕墙、机电、内装、插窗机、LED等专业存在着众多的关联界面，各专业之间空间位置关系错综复杂，传统的CAD制图技术已经无法反映各专业之间的位置关系和施工工艺关系，按照传统的按图深化施工做法，将不可避免产生与其他专业发生碰撞的问题，严重影响工程的推进效率。通过数字化模型和施工工艺模拟技术的应用，将"深化设计、加工制作、现场安装"进行一体化联动，解决了钢结构安装过程与其他专业的碰撞问题，大幅提高了工程施工效率和工程质量。

1. 加工制作数字化应用技术

BIM技术的应用使钢结构加工制作环节变得简单，BIM模型所产生的各类信息数据对于工厂的材料采购、细部工艺信息、构件的信息化预拼装等各个环节带来了便利，同时为现场钢结构安装等各个环节提供精度保障，为节约和优化工期创造了条件。

（1）材料采购和下单

在设计模型初步建立后，可通过BIM软件的报表功能，准确地生成材料清单。工厂按照材料清单进行定尺定料地采购材料，做到材料损耗的最小化。

（2）细部工艺信息

在深化模型完成后，可直接形成加工工艺文件及数据。同时结合库存提供的材料原料，将所有零件按材料板厚、材质等特性的不同进行分类，形成可下料切割的排版图和数控数据。

（3）构件加工的信息化模拟预拼装

钢结构的大型构件之间在空间上具有位置关联性，这就对构件之间的接口制作精度提出了很高的要求，仅靠提高单个构件的制作加工精度尚无法满足规范要求或相关专业的功能要求。因此，对于大型复杂结构如桁架结构等，通常采用在工厂内做实物预拼装，如图4-32所示。但实物预拼装受场地、设备和时间等因素限制，有时无法实现，基于BIM的信息化模拟预拼装技术能够较好地解决此实际问题。

在BIM三维模型中能快速而准确地提取需要进行预拼装构件的理论模型，然后通过实际三维测量得到预拼构件接口控制点位的实际数据，并将实际数据统一坐标系后形成钢构件接口的虚拟模型，通过虚拟模型和理论模型的比较，就能直观地校核各个接口面的间隙、错边等情况，如图4-33所示。如果精度达不到要求，可以按照校核的偏差数据大小和方位进行调整，直至钢构件加工精度达到规范和功能的要求。

2. 现场安装数字化应用技术

按照钢结构工程的施工流程和工序，往往很多钢构件需要先行安装。为了确保后序安装的钢构件能够与已经安装好的钢结构实现无缝衔接，可借助BIM的"加工与安装联动预拼装模拟"技术对已经安装好的钢构件接口控制点位进行现场实测，

图4-32　实物预拼装

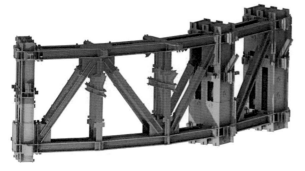

图4-33 预拼装模拟图示   图4-34 前后道工序预拼装模拟图示

并将实测数据统一坐标系后形成虚拟模型，再与后续构件的加工虚拟模型进行预拼装模拟，校核接口匹配精度，如图4-34所示。如果匹配精度达不到要求，可以按照校核的偏差数据大小和方位对后续钢构件在工厂制作阶段再次进行调整，直至钢构件加工精度达到规范和功能的要求，确保现场施工的质量和精度。

3. 安装过程数字化模拟技术应用

（1）施工过程数值模拟

本节以塔冠钢结构为例进行施工过程数值模拟应用介绍。塔冠钢结构体系复杂，具有独特的力学特性和传力机理，尤其是119F～121F空间转换层结构的存在，使得其施工方法和顺序对结构成型后的应力和变形具有较大影响，需要通过施工工况分析选择最优的施工方案。施工分析模型组成如图4-35所示。

综合考虑结构成型顺序、大型机械拆除及补缺、施工分析结果等因素，最终确定施工流程如下[20]：

1）126F～128F内八角钢框架结构施工；

2）129F～132F内八角钢框架结构施工，同时119F～121F转换层南北两侧非塔吊影响区域的钢结构和压型板穿插施工；

（a）整体模型   （b）转换层结构   （c）内八角框架   （d）外围鳍状桁架

图4-35 塔冠钢结构组成

3）在东塔和西塔拆除后，进行119F～121F转换层东西两侧钢结构和压型板施工，以及122F～128F悬挑楼面补缺；

4）从119F～121F依次进行转换层楼面混凝土的浇筑；

5）待转换层楼面混凝土强度达到设计规定的强度后，开始进行鳍状桁架钢结构施工。

转换层结构水平变形如图4-36所示。施工工况分析计算结果为：在塔冠结构整体实施过程中，119F～121F的转换层水平扭转变形仅从最初的2.8mm发展到最终的10.2mm，基本控制在10mm左右，达到设计控制标准。为确保结构体系安全，将转换层钢结构中由于施工产生的附加内力提交设计单位进行强度校核，充分体现了设计施工一体化水平。

（2）施工流程及工序模拟

将BIM模型与3D渲染图相结合，在方案制定后对施工工序及流程进行模拟分析，以此验证总体施工方案的可行性。图4-37为塔冠钢结构施工流程模拟，通过六

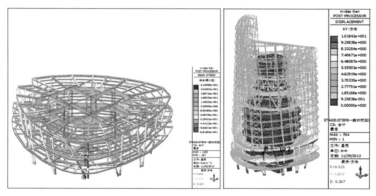

（a）转换层混凝土浇筑完成工况　　（b）鳍状钢桁架施工完成工况

图4-36　转换层结构水平变形

图4-37　塔冠钢结构施工流程模拟

大实施阶段的模拟演示，确定了总体施工方案和进度计划。

（3）施工工艺模拟

根据实际需求，通过对复杂的钢结构施工工艺进行动态模拟，评判施工专项方案的可行性和合理性，必要时调整施工方案。主要内容包括复杂钢结构吊装模拟、塔吊爬升工艺模拟、群塔作业模拟、塔吊拆除施工工艺模拟、立体交叉施工工艺模拟等。

4.3.2 智能化焊接机器人施工技术

1. 钢结构工程对焊接机器人技术需求

目前，国内超高层建筑的高度不断刷新，使建筑钢结构的设计日益趋向于采用大截面高强厚板的整体焊接节点形式。由于高强钢的碳含量高，可焊性相对较差，加之焊缝超长超厚，焊接量巨大，对焊接工艺提出了严峻的挑战。目前施工现场采用的焊接方法主要为半自动CO_2气体保护焊和手工电弧焊。由于施工现场的焊接条件相对较差，且高空作业环境复杂，操作空间条件相对狭窄，也极大地制约了焊工技术水平的正常发挥。加之，焊工技术水平参差不齐，主观因素影响较大，极易导致焊接质量不稳定，往往难以满足超高层建筑对焊接质量的严格要求。

上海中心大厦巨型柱和加强桁架结构用钢量巨大，多为高强度钢材和超厚钢板，钢板最大厚度达140mm，单条焊缝长度最长达4m，对现场高空焊接带来了很大的挑战。以巨型柱为例，外形尺寸达到4.1m×2.6m，为"三横两纵"钢板组合截面，板厚为55mm，横截面焊缝累计长约18m，焊丝消耗量约200kg。巨柱的高空焊接作业空间小，操作环境受限，且具有较高的风险，如若采用多台柔性轨道全位置焊接机器人同时作业，不但可以提高焊接质量的稳定性，而且能够降低焊工的劳动强度，提高焊接效率。

在上海中心大厦钢结构工程中，针对焊接节点截面巨大，存在大量厚板、长焊缝现场焊接的特点，研发了高空焊接机器人系列装备，攻克了精准定位、快速装配及自动焊接难题，推动了智能化、自动化焊接技术和装备在建筑工程领域的广泛应用。

2. 焊接机器人研发

针对超高层钢结构工程特点，研制的轨道式全位置焊接机器人采用模块化开发路线，整套装备由轨道、焊接机器人执行器、多自由度焊枪调节控制器、机器人控制平台及智能化控制模块等组成，能满足超高层钢结构高空焊接作业需求。焊接机

图4-38 焊接机器人现场照片

器人现场照片如图4-38所示。焊接机器人具有焊接参数存储、焊枪姿态可调、焊接电源联动控制、焊缝轨迹在线示教等功能，可解决超长超厚焊缝、多种焊接位置的钢结构现场自动化焊接问题。焊接末端执行机构能实现多自由度组合，全面适应常规构件的轨迹渐变焊缝自动焊接；焊接机器人柔性本体技术和焊接过程智能化控制技术研究，研制机构模块化、操作空间/体积比大，满足高空钢结构现场不同焊接作业需求。具有如下特点：

（1）柔性轨道焊接机器人。适应焊接位置：平、横、立、仰及360°全位置焊接；适应焊缝形式：直缝、环缝及不规则焊缝；适应环形工件尺寸：大于等于ϕ168mm；机器人行走速度：0~160cm/min；焊枪摆动模式：角摆；角摆运条方式：弓、之、点之、直线；摆速：0~255cm/min；摆幅：±25mm；左右滞时：0~6s；焊枪垂直跟踪行程：150mm；水平跟踪行程：200mm；程控参数微调幅度：±20%。

（2）熔化效率：在厚板长焊缝焊接中不低于手工焊1.5倍效率。

（3）磁吸附式轨道采用摩擦传动，机器人本体结构精巧，安装便捷。

针对上海中心大厦钢结构工程研制的焊接机器人具有如下特点：可沿着固定轨道往复运行，轨迹重复性高，易于实现跟踪控制；系统稳定可靠、效率较高，适用于规则焊缝的全位置焊接。

3. 工程应用

焊接机器人已成功应用于22层和66层加强桁架层和125层电涡流阻尼器质量箱体的现场焊接，具体的实施效果如下。

（1）伸臂桁架焊接应用

加强桁架层的伸臂桁架钢材材质为Q390GJC，板厚达140mm，立焊缝最长约4m。如果采用人工焊接，仅此一条焊缝就需要2名焊工连续施焊长达40h。由于现场焊接量相当大，常规的手工焊接效率不高，且焊接质量不稳定。为提高现场焊接效率和保证焊接质量，解决桁架层几百条超长超厚焊缝的焊接难题，创新性地将焊接机器人技术应用到伸臂桁架的超高空焊接。

电焊工根据焊接需要在构件上组装行车轨道，安装焊接小车，通过专用电缆将

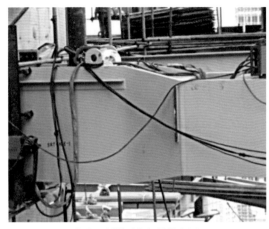

（a）22层伸臂桁架焊接应用　　　　　　　（b）66层伸臂桁架杆焊接应用

图4-39　焊接机器人现场应用

与自动焊配套使用的焊接电源、焊接控制箱和送丝机与焊接小车相接，由气管将焊接保护气瓶与控制箱连接。利用焊接机器人示教功能，电焊工对焊缝进行示教操作，确保焊接过程中焊缝中心与熔池中心重合，实现焊接参数的优化组合[21]。焊接机器人应用现场照片如图4-39所示。

（2）阻尼器质量箱上盖板焊接应用

电涡流阻尼器质量箱系统重约1000t，采用Q345B钢材，板厚为80mm，质量箱上盖板共有四条长达9m的通长焊缝，焊接位置为平焊，适宜采用自动化焊接机器人进行焊接操作。阻尼器质量箱体焊接现场应用如图4-40所示。在桁架层成功经验的基础上，采用了两台焊接机器人协同焊接（对称布置），在保证焊接质量和进度的条件下，降低焊接应力和变形。

4.3.3　电涡流阻尼器数字化安装技术

上海中心大厦塔冠电涡流阻尼器的质量箱系统重量约为1000t，通过吊索锚固在131F阻尼器钢桁架顶部；电涡流系统位于125F楼面上，由铜板组件、磁钢组件、轨道支架、限位环组件等部分组成；协调框架位于阻尼器桁架上用于对吊索长度进行调整以使阻尼器的自振频率与主体结构一致。电涡流阻尼器系统

图4-40　阻尼器质量箱体现场焊接应用

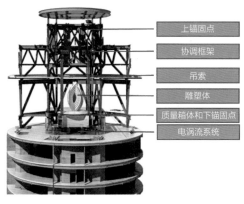

图4-41　电涡流阻尼器系统组成

上锚固点

协调框架

吊索

雕塑体

质量箱体和下锚固点

电涡流系统

组成如图4-41所示。

1. 整体安装工艺流程

传统的液体阻尼杆调谐质量阻尼器施工较为便利，先是在质量箱底部支承楼面上设置支撑胎架，然后在支撑胎架上拼装质量箱，接着施工吊索及锚固系统，最后在质量箱四周安装液体阻尼杆并拆除支撑胎架。而电涡流调谐质量阻尼器的施工则要复杂许多，根据施工进度和精度的双重需求，提出一种并行施工建造技术，即利用支承楼面设置高空拼装胎架，并以此为分界线将质量箱与电涡流系统在立体空间内进行划分，质量箱系统在胎架上方进行拼装施工，电涡流系统在胎架下方进行施工，最后完成质量箱与电涡流系统的下降对接。为了确保安装工艺和对接精度控制，综合运用了BIM模拟和计算机控制整体升降等数字化技术。

2. 质量箱高空拼装技术

质量箱系统由底板、限位轴、立板、配重块、圆形顶板等部分构成，高度为2955mm，对角线长度为10800mm，总质量约985t，总体质量误差±5t。质量箱系统组装的信息化模拟如图4-42所示，通过架空胎架搭设、限位轴安装、质量箱底板和

（a）126F架空胎架安装

（b）限位轴及底板安装

（c）立板安装

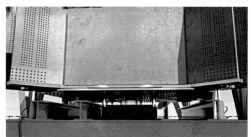

（d）顶升并穿入底板连接螺栓

图4-42　质量箱系统拼装

| （e）配重块安装 | （f）顶板安装 |

图4-42 质量箱系统拼装（续）

立板安装、配重块吊装、圆形顶板安装等一系列繁琐的施工流程，最终完成了高精度的质量箱体的装配。

3. 质量箱与电涡流系统对接安装技术

质量箱系统和电涡流系统同步施工完成后，采用计算机控制技术完成了两种系统的远距离高精度对接和索力均匀

图4-43 提升支架设置

度调整。主要施工流程及工艺如下：①利用质量箱吊索上锚点支承钢梁设置提升支架，提升支架的高度需综合考虑质量箱初始与完成状态的高差及为拆除胎架需要提升的操作空间；②安装吊索，并利用设置在提升支架上的4组（8只）200t穿心式千斤顶同步提升质量箱体1m，给拆除高空拼装胎架提供操作空间；③利用4组（8只）200t穿心式千斤顶同步下降质量箱体至设计标高位置，完成与电涡流系统的对接；④锚固吊索上锚固点，拆除提升支架；⑤通过计算机控制系统对吊索进行对称张拉精调，实现质量箱体的水平度和拉索的索力的均衡度，最后完成上锚点终固，如图4-43～图4-46所示。

图4-44 计算机控制系统

图4-45　阻尼器底盘   图4-46　阻尼器吊装就位

4.4　机电工程数字化建造技术

4.4.1　机电工程数字化加工技术

基于BIM的数字化建造已是大势所趋，如何使管道预制技术、二维编码技术、三维测绘放样技术在机电深化设计、工厂加工、现场安装中得到运用，提高机电安装工程质量和进度管理水平，是亟待解决的问题。为了提高预制加工图的精度，实现数字化建造信息全生命期，确保现场精确测绘高效放样的安装要求，将BIM技术运用到预制加工技术中，同时全程融入二维编码、现场三维测绘放样等高新技术是关键重点难点，也是当前机电管线数字化加工发展的最大创新点。

1. 数字化加工

近年来，国家大力发展绿色建筑，提倡施工现场绿色化，机电安装行业为了迎合绿色施工的需要，也加大了部件预制加工、现场安装技术的研发力度，已基本实现了管道工程、风管、电气桥架等的工厂化预制、现场安装，进一步保障了安装工程质量，减少了施工现场机电安装工作量从而提高了安装效率。但机电工程的部件预制率还不高，主要表现在机电安装工程中的管道焊接依旧停留在现场焊接制作的操作模式阶段。究其原因，主要是由于现有的管线深化设计技术尚无法做到管线布置的精确定位和分节布置，使得非标零部件数量和规格众多，而目前预制加工厂的非标零部件加工效率低下，价格昂贵，严重影响了管道预制加工的深度和发展。BIM技术的出现和应用可改变这种状况，应用BIM技术可建立精确的三维模型，方便制作预制部件的加工图，提高预制加工精确度，减少现场安装工作量，为加快施工进度、提高施工质量管理提供有力保证。

管道数字化加工预先在BIM设计模型中输入施工所需的管材、壁厚、类型等参数，然后将模型与现场实际进行对照调整直至与现场一致，再将模型导出完成预制加工图，预制加工图中包含管材、壁厚、类型和长度等信息。预制工厂依据预制加工图进行管道预制，现场仅需将预制好的管道进行拼接安装。所以，数字化加工前对BIM模型的准确性和信息的完整性提出了较高的要求，模型的准确性就决定了数字化加工的精确程度，主要工作流程如图4-47所示。

由图4-47可以发现数字化加工需由项目BIM深化技术团队、现场项目部及预制厂商共同参与讨论，根据现场实际确定预制方案，然后制作一个与现场高度一致的BIM模型并导入预制加工软件，通过必要的数据转换、机械设计以及归类标注等工作，把BIM模型转换为数字化设计加工图纸，交由厂商进行生产加工。其考虑及准备的内容应包括管道、管线及配件，并要求按照规范提供基本配件表。所有预制加工图及基本配件表需通过工程部审核后才能按计划进行数字化加工。

本项目采用了Inventor软件作为数字化加工的应用软件，成功实现将三维模型导入软件里面制作成数字化预制加工图，如图4-48所示。具体过程如下所示：

（1）将Revit模型导入Inventor软件中。

（2）根据管道安装顺序在模型中对所有管道进行编号并与管道长度编辑成表格形式。编号时在总管和支管连接处设置一段调整段，以满足机电和结构的误差。管

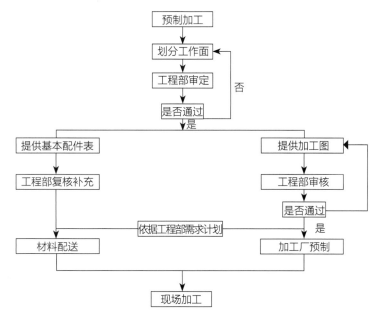

图4-47　数字化加工与BIM协作流程图

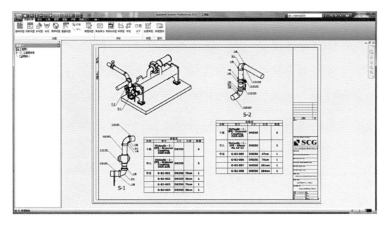

图4-48　Inventor预制加工图纸

段编号规则与二维编码或RFID命名规则相配套。

（3）将带有编号的三维轴测图与带有管道长度的表格编辑成图纸并打印。

2. 数字化物流编码

机电设备具有管道设备种类多、数量大的特点，二维码和RFID技术主要用于物流和仓库存储的管理。BIM平台下数字化加工预制管线技术和现场测绘放样技术的结合，对数字化物流而言更是锦上添花。在现场数字化物流操作中给每个管件和设备按照数字化预制加工图纸上的编号贴上二维码或者埋入RFID芯片，利用手持设备扫描二维码及芯片，信息立即传送到计算机上进行相关操作。

在数字化预制加工图阶段要求预制件编码与二维码命名规则配套，目的是实现预制加工信息与二维编码间信息的准确传递，确保信息完整性。该项目是首个在数字化建造过程中采用二维编码的应用项目，故结合预制加工技术，对二维编码在预制加工中的新型应用模板、后台界面及标准进行开发、制定和研究。确保编码形式简单明了、便利，可操作性强，如图4-49、图4-50所示。利用二维码使预制配送、

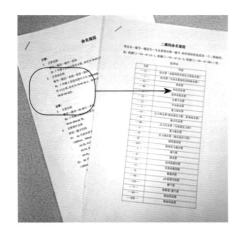

消防

名称	用途
---XH---	消火栓管
---XHW---	消火栓稳压管
---ZP---	喷淋管
---ZPW---	喷淋稳压管
---QT---	气体灭火管

暖通

名称	用途
---LB---	冷却塔补水管
---KN---	空调冷凝水管
---HWS---	空调热水供水管
---HWR---	空调热水回水管
---CWS---	冷冻水供水管
---CWR---	冷冻水回水管
---CTS---	冷却水供水管
---CTR---	冷却水回水管
---CHWS---	空调冷热水供水管
---CHWR---	空调冷热水回水管

图4-49　二维编码命名规则

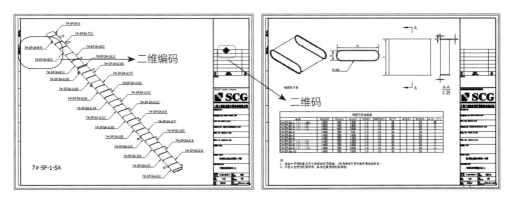

图4–50　预制图与二维码相对应

现场领料环节更加精确顺畅，确保凸显出二维码在整体装配过程中的独特优势，加强后台参数信息的添加录入，确保二维码配套技术在数字化绿色施工中的全面应用。

通过二维码技术实现以下几大目标：

（1）纸质数据转化为电子数据，便于查询。

（2）通过二维码扫描仪扫描管件上二维码，从而获取图纸中详细信息。

（3）通过二维码扫描获取管配件安装具体位置、性能、物理参数、厂商参数，包括安装人员姓名、安装时间等信息，如图4–51所示。

该项目中二维码技术的应用，一方面确保了配送的顺利开展，保证现场准确领料，以便预制化绿色施工顺利开展；另一方面确保了信息录入的完整性，包括生产配送、现场安装及管理维护等各个环节，对提升行业技术创新和管理水平具有重要意义。其亮点还在于二维码技术在预制加工的配套使用中开创了另一个新的应用领域。运用二维码技术可以实现预制工厂至施工现场各个环节的数据采集核对和统计，保证了仓库管理数据输入效率和准确性，实现精准智能、简便有效的装配管

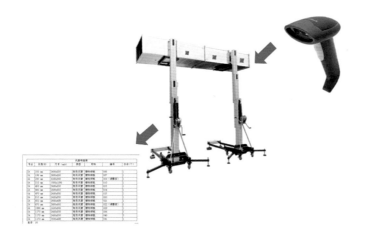

图4–51　二维码读取示意图

理模式，亦为后期数据查询提供强有力的技术支持，开创数字化建造信息管理新革命。

3. 数字化测绘复核及放样施工

现场测绘复核放样技术能使BIM建模更好地指导现场施工，实现BIM的数字化复核及建造。通过把现场测绘技术运用于机电管线深化、数字化预制复核和施工测绘放样之中，为机电管线深化和数字化加工质量控制提供保障。现场测绘放样技术在项目中主要可实现以下两点：

（1）测量实际与模型的误差，实现精确设计

在数字化加工复核工作中可以利用测绘技术对预制厂生产的构件进行质量检查复核，通过对构件的测绘形成相应的坐标数据，并将测得的数据输入计算机中，在计算机相应软件中比对构件是否和数字加工图上参数一致，或通过BIM三维施工模型进行构件预拼装及施工方案模拟，结合机电安装实际情况判断该构件是否符合安装要求，对于不符合施工安装相关要求的构件可令预制加工厂商重新生产或加工。所以通过先进的现场测绘技术不仅可以实现数字化加工过程的复核，还能实现BIM三维模型与加工过程中数据的协同和反馈。

同时，借助于测绘放样设备的高精度，可测量实际结构尺寸和偏差数据，经由信息平台传递到企业内部数据中心，BIM深化设计团队按照结构实际定位数据与BIM数据做精确对比，并对BIM模型进行相应的修正，使得模型与现场完全一致，为BIM模型机电管线的精确定位、深化设计及预制加工提供保障。

上海中心大厦，其设备层桁架结构错综复杂，同时设备层中还具有多个系统和大型设备，机电管线只能在桁架钢结构有限的三角空间中进行排布，机电深化设计难度非常之大，钢结构现场施工桁架角度发生偏差或者高度发生偏移，轻则影响到机电管线的安装检修空间，重则使得机电管线无法排布，施工难以进行。所以，通过BIM技术建立三维模型并运用现场测绘技术对现场设备层钢结构，尤其是桁架区域进行测绘，以验证该项目钢结构设计与施工的精确性。图4-52~图4-55为设备层某桁架的测量点平面布置图及剖面图，图中标识的点为对机电深化具有影响的关键点。

通过对设备层所有关键点的现场测绘，得到如下数据表并进行设计值和测定值的误差比对，如表4-5、表4-6所示。

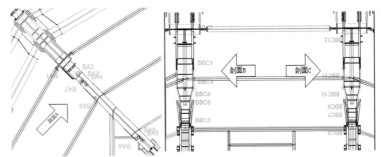

图4-52 上海中心大厦设备层桁架BIM模型中测绘标识点平面布置图

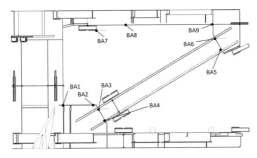

图4-53 上海中心大厦设备层桁架测绘标识点剖面图A

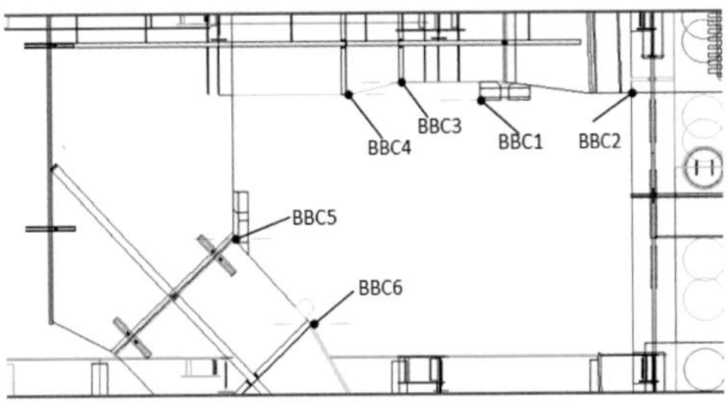

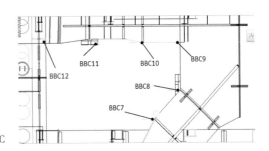

图4-54 上海中心大厦设备层桁架测绘标识点剖面图B

图4-55 上海中心大厦设备层桁架测绘标识点剖面图C

上海中心大厦设备层桁架测绘结果数据表1 表4-5

编号	设计值			测定值			误差值			净误差	备注
	X	Y	Z	X	Y	Z	X	Y	Z		
BHI1	4.600	−18.962	314.359	4.597	−18.964	314.361	0.003	0.002	0.002	0.004	基准点
BHI8	−4.600	−17.939	315.443	−4.602	−17.931	315.447	0.002	0.008	0.004	0.009	基准点
BHI2	4.600	−17.939	315.443	4.572	−17.962	315.449	0.028	0.023	0.006	0.037	
BHI3	4.600	−19.435	317.250	4.576	−19.448	317.251	0.024	0.013	0.001	0.027	
BHI4	4.425	−20.135	317.400	4.397	−20.146	317.403	0.028	0.011	0.003	0.030	
BHI5	4.440	−21.191	317.176								辅助构件已割除
BHI6	4.425	−23.203	317.250								混凝土包围
BHI7	−4.600	−18.962	314.359	−4.584	−18.974	314.359	0.016	0.012	0.000	0.020	
BHI9	−4.600	−19.435	317.250	−4.586	−19.443	317.260	0.014	0.008	0.010	0.019	

编号	设计值			测定值			误差值			净误差	备注
	X	Y	Z	X	Y	Z	X	Y	Z		
BHI10	−4.425	−20.135	317.400	−4.424	−20.135	317.440	0.001	0.000	0.040	0.040	
BHI11	−4.440	−21.191	317.176								辅助构件已割除
BHI12	−4.425	−23.203	317.250								混凝土包围

上海中心大厦设备层桁架测绘结果数据表2　　　　表4-6

编号	设计值			测定值			误差值			净误差	备注
	X	Y	Z	X	Y	Z	X	Y	Z		
BBC5	−4.600	17.940	315.443	−4.578	17.960	315.442	0.022	0.020	0.001	0.030	基准点
BBC8	4.600	17.940	315.443	4.584	17.949	315.440	0.016	0.009	0.003	0.019	基准点
BBC1	−4.440	21.191	317.176	—	—	—	—	—	—	—	辅助构件已割除
BBC2	−4.425	23.205	317.250	—	—	—	—	—	—	—	混凝土包围
BBC3	−4.425	20.135	317.400	−4.390	20.136	317.420	0.035	0.001	0.020	0.040	
BBC4	−4.600	19.435	317.250	−4.537	19.444	317.238	0.063	0.009	0.012	0.065	
BBC6	−4.600	18.964	314.359	−4.540	18.956	314.379	0.060	0.008	0.020	0.064	
BBC7	4.600	18.964	314.359	4.629	18.952	314.379	0.029	0.012	0.020	0.037	
BBC9	4.600	19.435	317.250	4.578	19.442	317.234	0.022	0.007	0.016	0.028	
BBC10	4.425	20.135	317.400	4.396	20.142	317.400	0.029	0.007	0.000	0.030	
BBC11	4.440	21.191	317.176	—	—	—	—	—	—	—	辅助构件已割除
BBC12	4.625	23.205	317.250	—	—	—	—	—	—	—	混凝土包围

利用得到的测绘数据进行统计分析，如图4-56、图4-57所示，项目该次测量

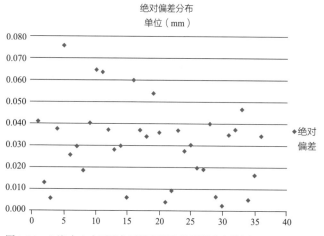

图4-56　上海中心大厦设备层桁架测绘结果误差离散图

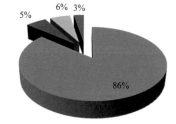

图4-57　上海中心大厦设备层桁架测绘结果误差分布图

点共设计64点，由于现场混凝土已经浇筑、安装配件已经割除等原因，共测得有效测量点36个。最小误差0.002m，最大误差0.076m，平均误差0.031m。

从测量数据中可看出，误差分布在5cm以下较为集中，共31个点，5～6cm 2个点；6～7cm 2个点，7～8cm 1个点，为可接受的误差范围，故认为被测对象的偏差满足建筑施工精度的要求，亦可认为该设备层的机电管线深化设计能够在此基础上进行开展，并实现按图施工。

（a） （b）

图4-58　上海中心大厦现场测绘、定位及放样

（2）高效放样，精确施工

通过高精度现场测绘设备可将模型中的机电管线和设备精确定位到施工现场，指导现场按图施工、按模型施工。在机电管线现场施工过程中，高精度现场测绘设备依据BIM模型帮助施工人员创建精确放样点，根据设定的管线定位点发射激光于楼板显示定位点，施工人员在激光点处绘制标记即可，如图4-58所示。

4. 案例（冷冻机房和标准层）

应用BIM技术对系统进行三维建模、管线综合以及碰撞检测等深化设计工作，通过基于BIM的数字化加工、现场测绘放样、数字化物流技术实现了项目数字化建造。机电设备工程深化设计及数字化加工得到了最大化的运用。通过利用BIM技术完成深化设计、预制加工、现场测绘放样、二维编码，实现BIM技术在数字化建造中的应用。

（1）三维建模

利用BIM机电专业软件建立冷冻机房及标准层各专业的机电管线三维模型，然后根据统一标准将机电模型与建筑、结构模型进行合模，获得完整的建筑模型，如图4-59所示。

（2）碰撞检测及管线综合

将整体模型导入Navisworks软件中进行碰撞检测，然后根据碰撞结果回到Revit软件中对模型进行调整，再回到Navisworks软件中进行碰撞检测直至"零"碰撞，如图4-60所示，最终确定支架布局方案，如图4-61所示。

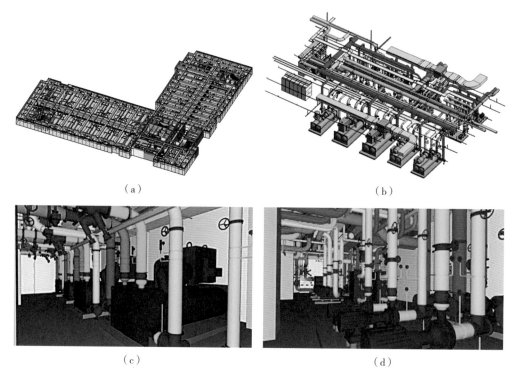

（a）

（b）

（c）

（d）

图4-59 样板层及冷冻机房水暖电综合管线图

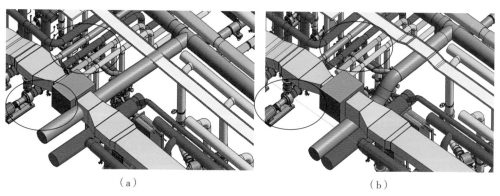

（a）

（b）

图4-60 冷冻机房综合管线调整前后对比图

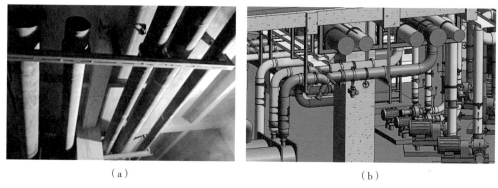

（a）

（b）

图4-61 现场与BIM模拟的机房管道布置对比图

（3）制作预制加工图

冷冻机房及标准层的BIM预制加工方案由业主、BIM深化设计团队、现场项目部及预制厂商共同确定，依据现场测绘数据制作与现场高度一致的三维模型，导入Inventor软件里生成预制加工图和基本配件表，通过项目工程部审核后按计划进行预制加工图制作，有效实现BIM数字化加工技术和工程部计划相结合，如图4-62～图4-65所示。

（4）预制加工与自动焊结合

本项目采用BIM数字化加工技术，在制作精确BIM模型的基础上将管道预制加工与自动焊技术相结合，除部分小管径接口外，其他管道均采用了自动焊技术，大幅提高了自动焊技术的利用率，为加快施工进度、提高施工质量提供了有力保障。自动焊主要流程如图4-66所示，自动焊接成品图如图4-67所示。

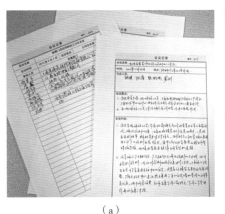

（a）

（b）

图4-62　预制加工准备阶段各部门讨论方案

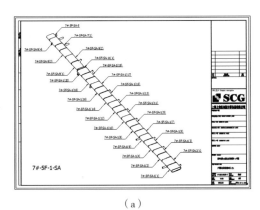

（a）

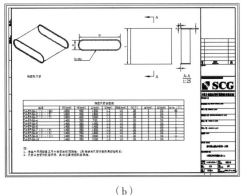

（b）

图4-63　Inventor标准层风管预制加工图纸

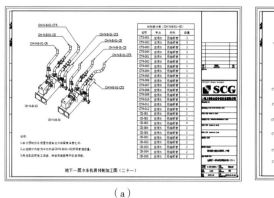

（a）

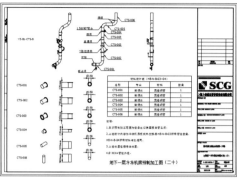

（b）

图4-64　Inventor冷冻机房管道预制加工图纸

（a）

（b）

图4-65　风管预制加工厂预制管件制作生产

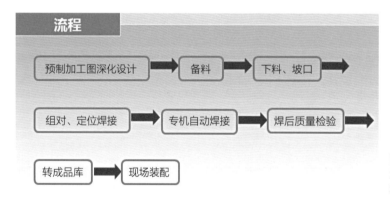

图4-66　与数字化预制加工技术结合的自动焊流程图

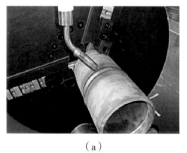

（a）

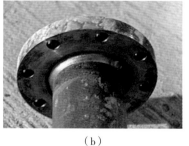

（b）

图4-67　管道+管道、管道+法兰自动焊接成品图

（5）现场测绘放样

该项目中通过放样管理器与机器人全站仪配合使用，在机电应用中实现了BIM模型的精确设计和现场高效放样，精确施工。利用高精度测绘仪将模型中的管线位置精确定位到施工现场，利用全站仪附带的插件在CAD和Revit软件中对需测量的管线标点，将修改后的CAD文件传入放样管理器，现场对测绘仪器进行定位，找到现场的基准点，然后由测绘仪器直接投点，误差值范围在±1mm内，如图4-68、图4-69所示。

通过现场测绘可以实现在BIM模型调整修改确保机电模型无碰撞后，按模型和图纸创建放样点到现场进行施工放样，该项目对风管和桥架进行了现场放样，同时将放样信息以电子邮件形式直接发送至作业现场或直接连接设备导入数据，实现现场利用电子图纸施工，最后在施工现场定位创建基准点，根据创建的放样点轻松放样，有效确保机电深化后预制管线的高效安装、精确施工，如图4-70～图4-73所示。

总结：采用BIM技术进行基础建模，并通过Navisworks软件进行管线碰撞检测，由BIM深化技术团队协调完成管线综合。期间，采用现场测绘技术对建筑结

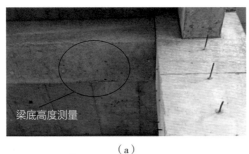

（a） （b）

图4-68 现场误差三维测量

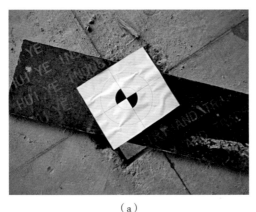

（a） （b）

图4-69 现场平面基准点确定

图4-70 标准层风管现场全站仪放样点图

图4-71 施工员放样点进行标记

图4-72 标准层放样后预制风管安装效果图

图4-73 标准层放样后预制桥架安装效果图

构信息进行收集，并将之真实反映于BIM模型中。将调整完成后的机电管线导入Inventor软件，进行预制加工图纸出图。在现场安装阶段利用现场测绘精准定位进行现场装配化安装，颠覆传统现场线放样的粗犷施工模式，实现几大特色技术在设计、加工、装配中全新工作模式，提高效率和准确性，开创信息管理新革命。几大特色核心技术强强联手，打造机电行业BIM深化设计及数字化建造的全新施工理念。

4.4.2 机电安装工程虚拟安装技术

1. 施工吊装方案模拟

在机电安装工程中可利用Navisworks软件做机电设备和管线的虚拟预拼装，通过整个施工过程的模拟可让施工管理人员直观地了解整个施工流程，及时对施工节点进行有效控制。此外，利用施工模拟还可以找出施工流程和方案中不合理的环节加以修正，经修改后的施工流程和方案须再次通过施工模拟进行方案确认，直至合

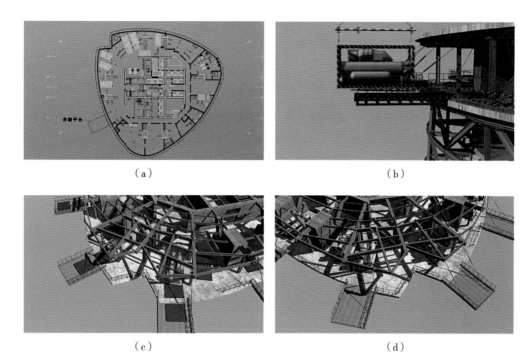

（a） （b）

（c） （d）

图4-74 上海中心大厦板式交换器施工虚拟吊装图

理可行。

本项目在大型设备吊装方案制定中，就利用BIM的软件平台，采用三维动画的形式配合施工进度计划安排，精确展示设备吊装工程的概况、施工场地安排、吊装流程安排、吊装机械和操作平台、劳动力安排、材料和设备计划等，找出方案中的碰撞点和风险点，并有针对性地优化方案和制定安全保证措施，为工程的顺利竣工提供保障，图4-74为上海中心大厦板式交换器施工虚拟吊装方案。

2. 机电工程虚拟安装

在项目实施中，施工方编制的施工方案和进度计划经过各方的充分论证确认后，运用BIM技术制作成三维空间加时间的四维可视化模型，在模型得到各方确认后就作为施工阶段的指导性文件。模型可体现施工界面和施工流程，通过模型演示，参建各方可更方便地对施工过程进行控制，确保安装质量和进度。如上海中心大厦B1层部分区域进行机电工程虚拟拼装。

（1）联合支架及C形吊架虚拟安装如图4-75所示。

（2）电气桥架虚拟安装如图4-76所示。

（3）管道虚拟安装如图4-77所示。

（4）空调风管、排烟管线虚拟安装如图4-78所示。

图4-75　B1层走道支架安装模拟

图4-76　B1层走道桥架安装模拟

图4-77　B1层走道水管干线安装模拟

图4-78　B1层走道空调、排烟管道安装模拟

图4-79　B1层管线末端安装模拟

图4-80　B1层管线吊顶精装模拟

（5）空调、排烟及喷淋管道末端虚拟安装如图4-79所示。

（6）吊顶、室内精装修机电虚拟安装如图4-80所示。

综上，借助于机电设备工程可视化虚拟拼装模型，可实现机电各专业都以四维可视化虚拟拼装模型为依据进行施工的组织和安排，清楚地知道下一步工作内容，严格要求各施工单位按图施工，防止返工的情况发生。通过将施工模型与项目实际施工情况进行对比和调整，可以改善项目的施工控制能力，提高施工质量、确保施工安全，全面提升企业的现场施工管理水平。

4.4.3 机电安装工程数字化调试技术

1. 数字式仪器仪表应用技术

（1）测试仪器仪表的发展

测试仪器仪表是在国民经济各个行业中广泛应用的重要配套设备，随着技术的进步，对仪器仪表的要求也越来越高，仪器仪表的发展也不断利用新技

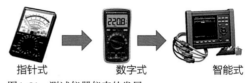

图4-81　测试仪器仪表的发展

术、新材料、新工艺使其测量更为精确、显示更为清晰、操作更为简单。

测量仪器仪表的发展大致可分为三个阶段，即模拟式（指针式）仪器仪表、数字式仪器仪表和智能式仪器仪表，如图4-81所示。

模拟式（指针式）：利用电磁原理使仪表指针受到电磁转矩的作用而偏转来指示被测量的大小，读数方式：人为辨识。

数字式：将输入的电压、电流等信号，通过模拟–数字转换，变换成相应的断续信号，然后经数字译码和光电显示指示被测量的大小，读数方式：结果读数（A/D+LCD）。

智能式：仪器仪表在硬件平台上采用了DSP或者单片机的处理单元，在测量功能增大的情况下融入了通信功能，通过通信方式可以将测量的参数传送给监控系统或数据处理中心，读数方式：结果读数加传输（A/D+LCD+RS32）。

（2）测量仪器仪表的特点

传统仪器仪表性能取决于仪器仪表内部元器件的精密性和稳定性，元器件的温度漂移（包括零点和增益漂移）和时间漂移都会反映到测量结果和仪器仪表输出中去。智能仪器仪表应用新的采集技术、处理技术、硬件平台和人工智能技术，使仪器仪表的性能（如精度、分辨率等）、功能、可靠性、可维护性和可测试性都得到了提高。

模拟式（指针式）：仪器仪表用硬件实现，几乎没有软件的介入，完全由生产厂商在产品出厂前定义好，测量结果用指针显示。其特点体积庞大、功能单一、开放性差、响应速度慢、精度低。

数字式：仪器仪表随集成电路的出现，以集成电路芯片为基础，在测量过程中将模拟量信号转换为数字式信号，测试结果以数字式显示和输出。其特点读数清晰、响应速度快、精度高。

智能式：仪器仪表利用微处理器，可根据被测参数的变化自动匹配量程，针对不同的测试情况，仪表能够进行自动故障判断、自动补偿、自动校准、控制策略优化等；测量范围宽、精度高、稳定性好。

（3）智能仪器仪表数据的采集

数据采集系统是智能仪器仪表中微机与被测对象之间进行数据交换的通道，因微机的输入输出只能通过数字

图4-82　数据采集系统流程

信号交换，而被测对象往往是非电量，因此必须把被测非电量进行转换，系统采集数据前，必须通过传感器件，感受被测对象，并把被测非电量信号转换为可用电信号，接着利用数据采集电路进行模数转换，将模拟电信号转换成数字电信号。除数字传感器外，由于大多数传感器都是将模拟非电量转换为模拟电量，模拟电量必须经过适当的信号调理，符合数据采集电路的要求，才能将这些模拟电量用数据采集电路进行数字转换。数据系统流程如图4-82所示。

（4）智能仪器仪表的应用

智能仪器仪表运用智能化软硬件，能够对大量的测试数据进行存储和分析，并从不同层次上对测量过程进行抽象，提高现有测量系统的性能和效率，扩大测量范围，扩展传统测量系统的功能，使仪器仪表具有高速、高效、高机动、灵活多功能等一系列性能；在仪器仪表中的核心部件中运用微处理器、微控制器等微型芯片技术，通过程序设计，使仪表具备模糊控制功能，设置各种测量数据的临界值，对一些不能明确的数据关系，运用模糊规则的模糊推理技术，对事物的各种模糊关系进行模糊决策，并通过离线计算、现场调试、动态调整，从而能按需求和精确度产生准确的分析。

2. 机电工程数字化调试技术

（1）信息管理平台

机电工程主要包括配电、空调、消防等系统，系统调试范围较广，制定合理的系统调试信息管理平台是项目实施的必要保证。

1）利用互联网平台搭建项目信息管理平台，项目相关管理人员能实时掌握、了解项目进度、质量，并根据项目进度情况及时调整劳动力资源、设备机具资源及施工材料等。传统管理加上互联网，依托计算机技术、网络技术及通信技术，组成新的管理架构模式，使管理网络化、柔性化及虚拟化；其管理模式更能加强团队协作、快速对项目需求做出分析和决策，更能适应项目各方面的全面管理。

2）建立项目相关信息数据库，将项目各区域安装和调试专业、计划完成时间

及安装和调试情况、验收结果等组成代码进行信息化管理，并将影响工期的时间因素和质量因素设置报警值，通过告警来提醒各层管理人员对项目采取必要的措施。将这些单体、调试分项、完成时间、质量等逐一编码进行数字化管理，大大提高了管理的信息度、透明度。

3）数字化信息管理，项目安装和调试施工技术管理人员根据各自管理的区域及专业，实时将工程进度输入数据库，安装和调试施工技术管理人员根据数据库提供的信息落实相关工作，当该施工工期、质量进入报警值时系统会给予警告，提醒相关施工管理人员应加以重视。同时，通过互联网，公司各级领导及管理层均可及时了解、掌握项目实时动态。

（2）数字化调试专业技术概述

机电安装工程调试主要包括：配电系统，各单体电源由上级10kV变电所内相对独立的两台变压器分段供电，低压配电系统采用0.4/0.23kV放射式与树干式相结合的方式，对单台容量较大的设备或重要用电设备、各区域的照明和空调系统采用放射式供电方式；对一些常规设备和小容量用电设备采用链式供电方式；主要调试项目为馈线断路器接触电阻测试、断路器脱扣试验、绝缘电阻测试及电能质量测试等。空调通风系统主要由空调风系统、通风排风系统等组成，空调冷热源由上级能源中心提供；主要调试项目为设备单机试运转、空调水流量测试及水力平衡调节、新风空调系统的总风量测试和各风口风量测试调节、机械送排风系统的总风量测试和各风口风量测试调节等。消防系统主要由消防水、消防报警及防排烟系统组成；主要调试项目为消火栓系统和自动喷淋系统调试、防排烟系统调试和系统风机总风量测试、消防报警系统调试和联动调试等。

在众多项的调试项目中，配电系统电能质量及风量测试都是调试中的关键工序，其质量直接影响着建设项目的使用功能，是确保建设项目投入使用后安全、可靠、高效、稳定运行的必要保障。下面就着重阐述配电系统电能质量测试及通风空调系统风量平衡测试数字化调试技术。

（3）电能质量数字化测试技术

电能质量的主要指标有电压、频率和波形。电能质量的破坏可导致用电设备故障或不能正常工作的电压、电流和频率的偏差，其内容包括电压偏差、频率偏差、波形畸变（谐波）、电压波动和闪变、暂时或瞬态电压、电压暂降或中断等。

系统运行中大量从电网吸收的是非正弦波，经过用户使用，反馈给电网的也是非正弦波，因此系统运行中含有大量的谐波，其中3次谐波的含量最大，可达基波的30%，当系统接容性负载时，系统会产生奇次谐波电压，其谐波含量随着系统的电容值增大而增大。因此进行电能质量的测试是非常有必要的，也是确保系统稳定运行的保障。

1）电能质量主要测试仪器仪表选择及主要功能

本工程电能质量测试选用仪表为日置PQ3100，其主要测试项包括：瞬态过电压；电压有效值（相、线）、浪涌、下陷、停电；电流有效值、冲击电流；频率1波形、频率200ms、频率10s；有功功率、有功电能、无功功率、无功电能、视在功率、视在电能、功率因素；电压逆相不平衡率、电压零相不平衡率、电流零相不平衡率、电流逆相不平衡率；谐波电流、谐波电压、谐波功率；谐波电流相位角、谐波电压相位角、谐波电压电流相位差；电压总谐波畸变率、电流谐波总畸变率、K因素。

2）测试及接线方式

PQ3100可通过仪表快速设置后对接线、设置到记录进行操作导向。将电压线、电流线传感器作为测量对象进行接线，仪表会自动根据设置检查接线方式，并显示判断结果。

测试根据配电接线方式按级进行，如图4-83所示，测试点1（电源总进线）、测试点2（配电馈线）、测试点3（末端用户馈线），根据各馈线回路测试数据进行分析、判断系统是否符合要求。

3）数字化技术应用

PQ3100所有参数可并列测试，只需通过切换界面即可显示所有测量中的参数，顺畅确认仪表测试状态。在测试过程中趋势图和事件波形图也可同时记录，1次测量可记录所有参数的变化趋势，能够检测出电源异常并记录事件，可以记录事件间隔期间的最大/最小/平均值，如图4-84所示。

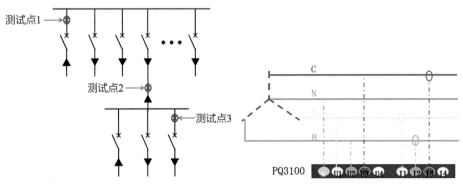

图4-83　测试及接线方式

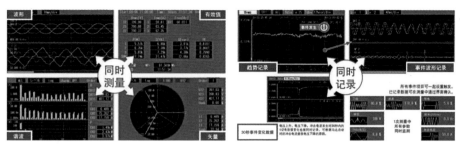

图4-84　趋势图和波形图同时记录

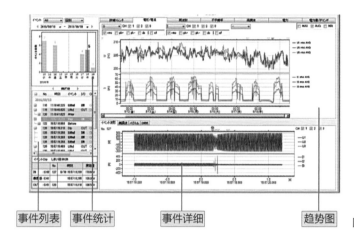

事件列表　事件统计　　　事件详细　　　　　　　　趋势图　　图4-85　波形、事件分析图

　　PQ3100可将测试数据通过专用软件使用PC机进行数据分析，对电压、电流的有效值变化、谐波变化、间谐波变化、闪变、电量、综合谐波电压/电流畸变率等全部事件进行波形、事件详细分析，并可根据需求制作报告。如图4-85、表4-7所示。

事件分析表　　　　　　　　　　　　　　　　　　表4-7

事件列表	按照日期或时间统计，并显示事件的发生情况，可以很容易发现规定的时间带发现的电源异常	
事件统计	按照日期、时间统计，并显示发生情况，易于发现特定的时间带内发生的异常	
趋势图	时序显示电压、电流、频率、谐波、不平衡、功率、电能等，并可在画面中设置任意的显示范围	
事件详细	分析波形、谐波、扭矩、数值显示等200ms的事件波形，也可以显示30s事件变化数据或事件前后11s的波形	

（4）空调通风系统数字化测试技术

空调通风系统是项目建设的一个重要组成部分，可为人们提供一个舒适工作与生活的环境。空调系统是整个建筑物能耗最大的系统之一，根据统计数据，建筑物的空调系统能耗已占到建筑总能耗的40%左右，采用节能策略，对系统全面测试及调整，对降低运行费用、提高效益是非常重要的。

1）系统参数

根据上海中心大厦技术规格书——《采暖通风空调（HVAC）测试、调整与平衡》中规定，所有风口平衡后的风量与设计参数的偏差应在±5%范围内。

2）仪器仪表选择及主要功能

本工程通风空调系统测试选用仪表为Testo系列智能仪表，如图4-86所示，仪表能涵盖温度、湿度、风速、压力等重要参数的测量，并能通过蓝牙传输方式将手机或PC机秒变成为一台专业的检测及分析仪器，通过专业APP可读取、记录、分析单个或多个测量数据，并可直接制成报告及发送。

3）数字化技术应用

Testo 420风量罩：适用于大型进风/回风口快速精准测量，满足法规体系要求，确保室内空气质量。通过APP及蓝牙功能可将智能手机或PC机作为第二显示屏并进行远程控制，也可通过APP开始/结束测量程序，实现在线保存测量值和创建测量报告功能，可以分析和管理测量值。

Testo 405i无线热线式风速仪：用于对通风管道进行测量，可以方便地测定空气流速、温度以及体积流量。结合APP可通过智能手机或PC机方便地查看仪器测量数据，不需要花费大量时间分析从远距离的测量点所获取的测量数据，通过应用程序可以方便地对体积流量进行测定，输入精确管道横截面的参数，应用程序可以自动计算出相应的完整结果。

Testo 410i无线叶轮式风速仪：用于测量出口的气流速度和温度，也可用于测量和调节体积流量。运用仪器的程序对体积流量测量进行设置非常简单，可以对测试出口直观地进行参数化设置。在调节通风系统时，可方便地进行系统平衡，对多个出口的体积流量进行

图4-86　Testo系列智能仪表

反复交叉检查和比较。具有自动定时和多点均值计算功能，快速获取出口的平均空气流速信息。结合APP可通过智能手机或PC机方便地查看仪器测量数据。

Testo 605i无线温湿度仪：能测量房间和管道的相对湿度与温度，该温湿度计也能对空调系统的加湿器进行检查。如果将Testo 605i与Testo 805i两个仪表结合起来使用，通过运用保存在APP当中的测量菜单，可以按照红绿灯原则清楚标定系统中容易霉变的区域。通过蓝牙将测量数据无线传送到智能手机或PC机上，可以方便地查看测量数据，还可进行露点和湿球温度的自动确定，测量的数据也能自动保存，并通过图表或表格的形式加以显示。

Testo 805i无线红外仪：用于测量墙体温度及空调系统的保险丝和元件等温度。测量点可以由一个8点激光圈进行清晰标示，与智能手机或PC机相结合，可作为一台结构紧凑的红外测温仪，可以方便地查看测量读数，还可以用来创建和记录图像，包括温度数值和激光标记。

测量数据以无线方式从相关测量仪器传输到APP，并可以方便地在移动终端设备上以图表形式进行查看。此外，APP还能提供其他一些实用功能，比如定时和多点均值计算，体积流量设置，比较各出口的多个体积流量，自动计算露点和湿球温度，以及通过清晰的红绿灯系统确定容易霉变的区域。测量数据可以方便地记录，可以用PDF或Excel文件形式存储，并可以直接制成各类报告或通过电子邮件发送到指定邮箱。

4.5 装饰装修工程数字化建造技术

4.5.1 工程概况及重难点分析

1. 裙房二层多功能厅

（1）概况

多功能厅吊顶由矿棉板吊顶及序列金属圆管组成。序列金属圆管共计三组，分别由10、12、15根圆管组成。金属圆管沿墙面往吊顶方向伸展，在吊顶处呈圆弧状绕出上海中心的徽标，最后沿另一侧墙面回归地面。单根圆管的伸展路径为三维曲线；而多根圆管按序排布为一组，整体呈双曲面造型，如图4-87所示。

图4-87　二层多功能厅的装饰效果图

（2）难特点分析

1）多功能厅的空间大而复杂，涉及土建结构、机电、消防、装饰等专业内容。需要详细分析各专业内容的空间关系、是否会对装饰施工产生影响等众多因素。

2）部分设计图纸的节点描述过于概念化，不符合实际加工、安装的需要，必须对这部分节点进行深化，使其可以作为现场施工的依据。

3）多功能厅的装饰内容复杂交错，需要安排合理的施工工序才能保证现场施工井然有序。同时，由于装饰内容丰富，饰面材料种类、造型复杂多样。为保证精细化质量，不同饰面材料之间的衔接、进出关系也是把控的重点。

4）部分装饰饰面上需要配合机电、消防单位预留末端点位。由于现场点位数量众多，且预留的位置牵涉装饰饰面材料的加工、安装环节，因此必须严格控制机电、消防点位与装饰饰面的衔接关系。

5）序列金属圆管，从深化设计到加工、安装过程，在整个多功能厅的装饰内容中，是最为复杂的。从金属圆管固定件的深化设计，到装饰空间的三维定位，再到金属圆管三维曲线效果的弯弧加工以及现场的实际安装，每个环节都存在着在以往传统施工中难以遇见的技术难题。

2. 裙房五层宴会厅

（1）概况

宴会厅平面近似半圆形，墙面主要装饰材料为直径60mm的金属圆管背衬金属饰面。金属圆管沿宴会厅墙体的圆弧路径等距排布，每根圆管中心的离墙距离不变，通过上下两端规律的进出关系形成双曲面。金属衬板附于圆管后方，形成相同的双曲面，如图4-88所示。

（2）难特点分析

1）墙面由金属圆管形成的双曲面造型是整个宴会厅的一大亮点。在营造出这种别出心裁的装饰效果背后，需要详细分析双曲面造型的组成部分、衔接关系、质量控制点等大量内容。

2）宴会厅墙面的特点是双曲面且施工面积大，因此保证双曲面的观感效果是关键，这对于现场的定位放线有着极高的要求。

图4-88 五层宴会厅的装饰效果图

3）考虑到双曲面造型是由众多金

属圆管进行竖向排列、通过圆管上下两端的进出关系形成的，因此如何在弧形墙体上等距排布金属圆管的同时，又要制作出双曲面造型，这是一个极大的挑战。

4）基层制作的质量优劣影响饰面层的装饰效果。金属圆管与金属衬板组合而成的双曲面造型依赖于基层骨架，因此基层骨架同样需要制作出双曲面造型，对于基层骨架的制作质量必须严格把控。

4.5.2　基于BIM的复杂装饰空间仿真技术

1. 多功能厅区域

（1）施工前期的BIM技术应用

1）基于BIM模型的空间分析

建立集成多功能厅各种结构、基层、饰面等相关信息的模型，如图4-89所示。结合建立的BIM模型，分析饰面材料在实际深化、加工、安装过程中的种种难点。了解实际安装顺序、关键工序、质量控制点以及与基层的连接方式，为之后的大面积施工打下坚实基础。同时避免了在大面积安装饰面材料的过程中可能遇到的问题，保证施工质量。

多功能厅的矿棉板吊顶标高10.3m，单块规格1200mm×1200mm，按3×3块编排为一组。每组吊顶的围边是标高10.6m、宽度200mm的石膏板凹槽，凹槽内侧为设备带，整体呈井字形布置，如图4-90所示。

矿棉板吊顶下方是由三组直径100mm的序列金属圆管组成的双曲面造型。墙面使用包布板作为饰面材料，地坪采用满铺地毯，如图4-91所示。

相比传统图纸的二维化表达方式，BIM模型可以更加直观地审核出图纸中存在的诸多问题，如图4-92、图4-93所示。

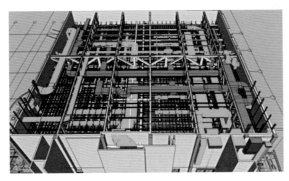

图4-89　多功能厅的BIM模型

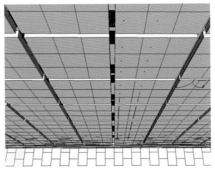

图4-90　矿棉板吊顶与设备带凹槽的关系

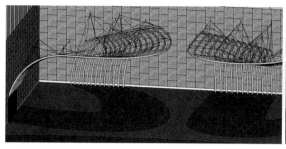

图4-91 序列金属圆管的BIM模型与实物图对比

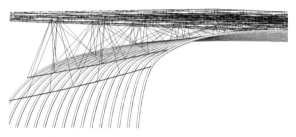

图4-92 使用二维化方式展现的序列金属圆管

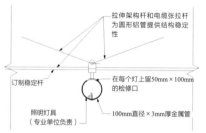

图4-93 设计图纸中的固定件节点

2）装饰概念设计的加工深化

设计师们的创新灵感，如果按照传统方式来绘制图纸，是很难在实际加工、安装等施工过程中表述清楚各类节点的处理问题。建立BIM模型对各个节点进行模拟，了解实体的真实样貌，对关键部位进行分析，不仅大大缩短了以往深化所耗用的时间，提高了工作效率，而且保证了饰面材料在实际加工、安装过程中的质量。

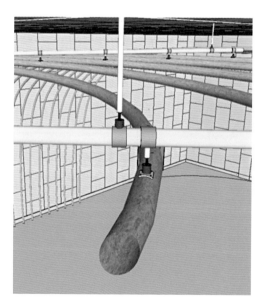

图4-94 固定件模型

由于设计图纸对圆管固定件的描述相对简单且未阐述到位，在保证承重性、稳定性、牢固性、可调节性且不影响吊顶造型观感效果的前提下，建立了固定件的BIM模型，将固定件分为五部分（钢丝绳卡口、多角度调节件、平衡杆抱箍、连接件、金属圆管抱箍），模拟分析各个部位的关键参数及主要作用，如图4-94所示。

3）施工工序模拟

装饰工程是一个复杂的系统，包括图纸深化、土建结构处理、测量放线、基层制作、饰面材料的加工与安装等多种工序，而这些工序中涉及的子项目繁多，且子项目又拥有自己的独立工序，相互之间关系复杂，直接影响着装饰工程的进度。

传统的工序描述只是对基层的制作、材料的加工与安装起到了有限作用，并没有起到实质的作用。借助BIM技术，才能通过科学手段去发现实际施工中存在的或可能出现的问题，及时调整相关工序。同时，利用BIM技术将施工工序动画化，通过虚拟现实给人以真实感和直接的视觉冲击，配合演示、调整施工方案，有效提高了工作效率。

在施工前期，首先拟定现场的施工工序及技术路线。随后，通过拟定的施工工序，使用BIM模型进行动画模拟，如图4-95所示。

4）点位控制

通过BIM技术，掌控机电设备的布置走线、机电末端点位的控制、消防与弱电系统的点位控制，第一时间发现诸多可能在施工过程中才会发现的问题。同时，通过模型协调专业单位的安装调整及配合，指导厂家进行加工，为其预控生产服务，如图4-96所示的吊顶设备带风口布置。

5）与其他饰面的衔接分析

装饰造型设计需要协调功能要求和饰面衔接之间的关系，造型设计应能够体现功能要求，饰面衔接会影响造型设计。采用BIM技术可更好地解决这三者的协调关系。

借助BIM模型，对于存在问题的衔接节点进行修改，结合丰富的编辑功能赋予模型不同的材质，检查不同饰面衔接的效果，如图4-97所示的金属圆管与墙面包布板、门框的衔接，如图4-98所示的上、下部钢结构转换层与桁架的关系。

6）碰撞检查

在施工前期，利用BIM技术将各个专业的模型汇总成一个整体模型，随后进行碰撞检查，能有效解决空间上的冲突，减少在施工过程中可能造成的返工。使用优化后的方案进行施工交底，有效提高了施工质量，减少了工程成本。

多功能厅吊顶内部的钢结构桁架、风管等其他专业分包内容可能与装饰基层发生冲突。为了避免这种问题出现，借助BIM模型，将钢结构转换层分为上下两部分，上部转换层固定在桁架的上下弦杆之间，下部转换层固定在下弦杆的下侧。机电管线、设备排布在空腔处，其悬吊系统与装饰钢结构转换层相互独立。同时，通过与安装单位的协调，根据提供的点位图纸调整钢结构转换层竖向、横向龙骨的位置，避免冲突。

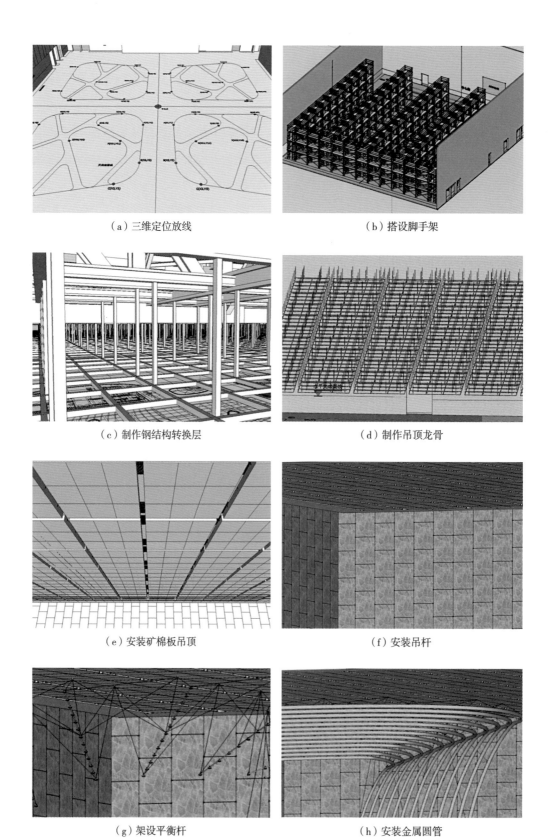

（a）三维定位放线

（b）搭设脚手架

（c）制作钢结构转换层

（d）制作吊顶龙骨

（e）安装矿棉板吊顶

（f）安装吊杆

（g）架设平衡杆

（h）安装金属圆管

图4-95　多功能厅吊顶的施工工序模拟

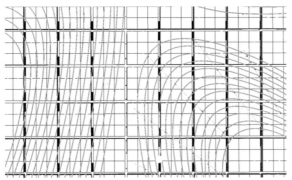

图4-96　吊顶设备带风口的布置

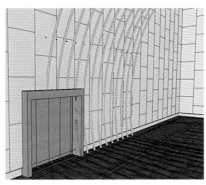

图4-97　金属圆管与墙面包布板、门框的衔接

图4-98　上、下部钢结构转换层与桁架的关系

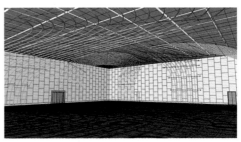

图4-99　二层多功能厅的装饰模型

图4-100　同区域土建与装饰合并后的模型

图4-101　同区域土建、机电与装饰合并模型碰撞检查

将土建、机电以及装饰的BIM模型合并，进行碰撞检查，如图4-99～图4-101所示。如发现存在冲突问题，及时进行协调解决，避免施工过程中造成不必要的返工。

7）吊顶造型的定位放线

①矿棉板吊顶的分割布置及设备带凹槽的定位

结合BIM模型，通过平面直角坐标系定位矿棉板吊顶各个分割区域的控制点，同时定位设备带凹槽的各个控制点。当以上控制点的点位满足放线要求后，随即进行现场立体放线，如图4-102、图4-103所示。

②序列金属圆管的三维定位

序列金属圆管沿墙面往吊顶方向伸展，在吊顶处呈弧状绕出上海中心标志造型，最后沿另一侧墙面回归地面。由于金属圆管弯弧呈双曲面造型，因此其定位放

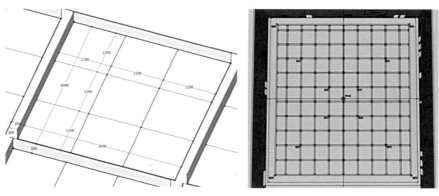

图4-102　矿棉板吊顶与设备带凹槽的衔接　　　　图4-103　矿棉板吊顶分割布置

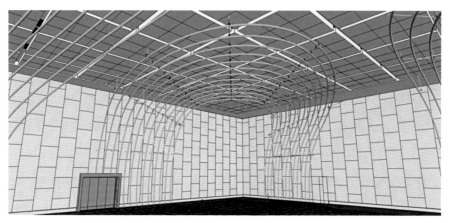

图4-104　序列金属圆管BIM模型

线尤为重要，如图4-104所示。

根据设计图纸要求，金属圆管通过特殊订制的固定件与平衡杆相接，而平衡杆通过吊杆承重，单根平衡杆沿金属圆管呈放射状排列。经过空间的三维模拟，首先进行平衡杆、金属圆管的定位，如图4-105、图4-106所示。

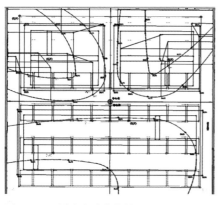

图4-105　平衡杆的定位控制

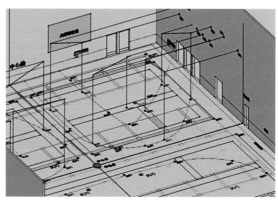

图4-106　金属圆管的定位控制

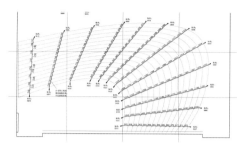

图4-107 平衡杆的标高

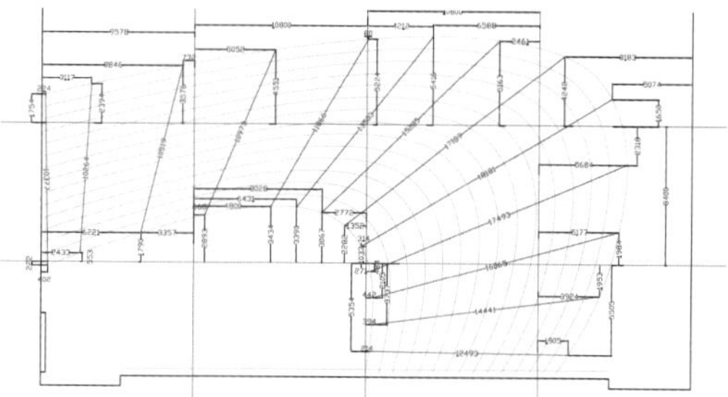

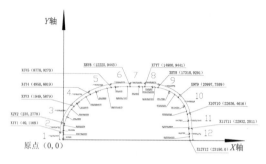

图4-108 平衡杆在平面直角坐标系中的坐标

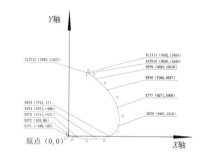

图4-109 圆管的标高

图4-110 圆管在平面直角坐标系中的坐标

根据BIM模型反馈的参数，确定每根金属圆管及平衡杆的空间坐标，如图4-107～图4-110所示。

（2）装饰构件加工、安装过程的BIM技术应用

1）BIM模型与加工数据的关系

鉴于单根金属圆管呈三维曲线造型，通过BIM技术将三维状态下的金属圆管平铺展开，实现从三维至二维的转换，如图4-111所示。按照预先的分段，记录每段圆管的弧度、弧长及空间坐标，即一次弯弧的数据，随后在正投影面状态下，记录每段圆管的弧度、弧长及空间坐标，即二次弯弧的数据，最后根据记录的数据，制作各段金属圆管。

2）三维扫描技术与BIM技术的结合应用

三维扫描技术：先通过扫描物体表面得到三维点云数据，再形成高精度的数字模型，如图4-112所示。

针对双曲面金属圆管加工、安装的高精度要求，利用其特点，获得圆管的

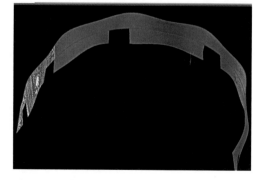

图4-111 圆管三维模型

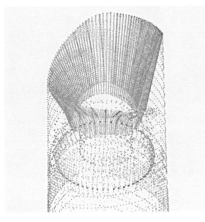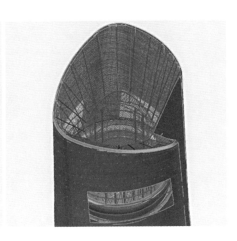

图4-112 上海中心点云及模型

三维模型及线、面、体等各种数据，如图4-113所示。同时，还包含了各个点位的空间坐标（X，Y，Z）的信息。通过以上信息的反馈，能将金属圆管在电脑中真实地展现出来。

将金属圆管的BIM模型，与三维扫描得到的数据进行对比。纠正金属圆管的各类数据，确保金属圆管的弯弧圆润顺畅，如图4-114、图4-115所示。

3）安装过程的关键节点分析

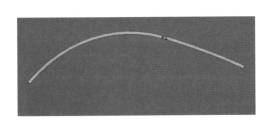

图4-113 经三维扫描后得到的数据，通过BIM技术转换成点云数据

通过BIM模型，模拟金属圆管安装过程中各个关键节点的处理。金属圆管一端内置套管，作为与其他圆管的接口；内套管使用螺栓固定在金属圆管内侧；内套管外侧固定四根呈十字状排布的卡条，金属圆管另一端内圈预制对应

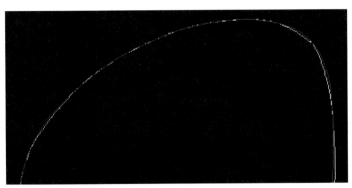

图4-114 对比数据

图4-115 调整金属圆管的偏差部位

的卡槽。当卡条嵌入卡槽后，通过四个方向的紧固点牢牢卡住金属圆管之间的接口，防止两者受应力作用而错位松动，如图4-116所示。金属圆管对接时，通过接口处底部长度为5cm的导向管调整位置，确保相邻圆管的空间走向正确，如图4-117、图4-118所示。

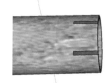

图4-116　金属圆管对接模型

借助BIM模型完成各个关键节点的分析后，在现场进行金属圆管的安装，如图4-119所示。

2. 宴会厅区域

（1）基于BIM模型的双曲面装饰墙面分析

五层宴会厅平面近似半圆形，墙面主要装饰材料为直径60mm的金属圆管背衬金属饰面，两者组成的墙面呈双曲面造型，如图4-120～图4-122所示。鉴于两者组

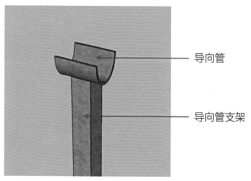

图4-117　金属圆管导向管的BIM模型

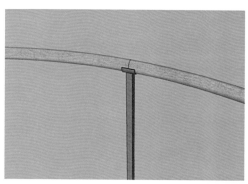

图4-118　每个接口处设置导向管

图4-119　现场进行金属圆管的安装作业

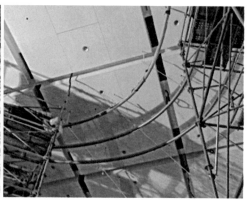

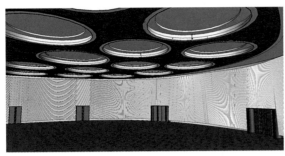

图4-120　五层宴会厅的BIM模型与现场实物图对比

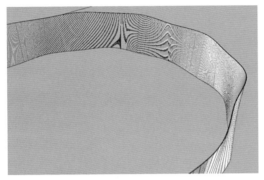

图4-121　金属圆管墙面的BIM模型

图4-122　双曲面金属圆管墙面

合而成的双曲面造型依赖于基层骨架，因此基层骨架同样需要制作出双曲面造型。为了保证精细化质量，将金属圆管与金属衬板作为一个单元模块在工厂进行拼装，把以往在现场的施工内容转移到工厂内，这样可以从源头上管控质量，现场直接进行成品安装。

（2）双曲面的测量放线

由于整个宴会厅墙面呈双曲面造型，与通常的规则图形相比，该造型的测量放线难度较大。针对双曲面的测量放线，通过对其剖面进行分析，双曲面是以中心点A点离墙尺寸不变，上B点、下C点离墙尺寸有规律变化的双曲线形成的，因此，根据BIM模型建立平面直角坐标系，并以每根金属圆管在A、B、C三处的控制点组成上、中、下三组测量控制线，如图4-123～图4-126所示。

（3）基层骨架的关键节点分析

双曲面的特殊造型对于基层钢架的制作带来了极大的挑战，钢架的制作是否准确直接影响饰面安装完成后的整体效果，如图4-127、图4-128所示。

鉴于双曲面造型的精细程度要求高，选用数控切割的方式加工钢构件。传统的手工切割虽然灵活便捷，但产品质量差、误差大，且需要大量二次加工。数控切割

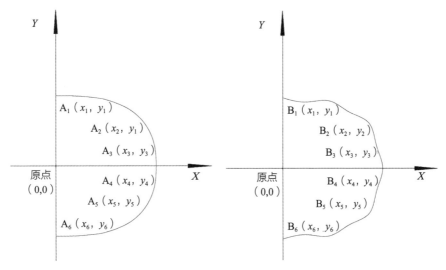

图4-123　A点组成的圆管中点控制线示意　　　　图4-124　B点组成的圆管上端控制线示意

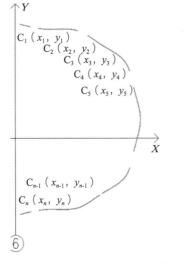
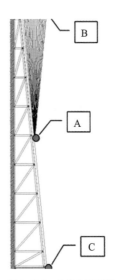

图4-125　C点组成的圆管下端控制线示意　　　　图4-126　单根金属圆管的控制点

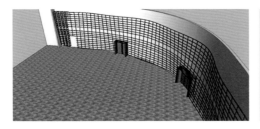

图4-127　钢架的BIM模型　　　　　　　图4-128　钢架呈双曲面造型

相对手动切割来说，可有效提高加工效率，保证产品质量，控制产品精度。

为了保证双曲面的整体效果，通过BIM模型确定点A、点B、点C的离墙距离。

图4-129 现场制作的钢架基层

图4-130 现场安装金属圆管模块

根据BIM模型得到的数据，确定B、C两点所在的双曲线以及点A所在的圆弧，现场制作对应的双曲线铁皮置于B、C两点所在的标高。制作完成B、C点标高的铁皮后，依据垂直于地坪的切面与上下侧铁皮的交点，得到竖向龙骨上下两端的位置，即单根竖向龙骨的空间位置。依此方式按照1000mm的间距布置竖向龙骨，横向龙骨则按照1200mm的间距布置，竖向、横向龙骨的布置方式均保证安全与精细化质量，如图4-129所示。

（4）基于BIM模型的实样制作

现场钢架基层完成后，进行金属圆管的实样制作与安装。通过第一次的实样制作，结合BIM模型的数据，修正调整偏差部位。在第二次的实样制作中，得到了令人满意的效果。根据实样制作的经验，在工厂中将金属圆管与金属衬板拼装成型，以单元板块的形式运至现场安装，如图4-130所示。

4.5.3 装饰装修工程数字化施工技术

1. 超高层的客观条件决定室内精装修数字化施工方式

（1）有限垂直运输资源的客观制约

上海中心大厦主塔的特点是结构高、楼层多，用于各楼层的建筑、安装、设备、装饰等类型材料的数量、尺寸、种类繁多；但总量是一定的。核心筒中分布的施工电梯有限，总容量或者每次运输材料的数量是定值，施工周期也是个定值。

运力资源分配到主塔参建单位是有限的。因此客观上也就决定了装饰施工材料的运输不允许增加电梯的垂直运输压力。传统的装饰施工手工作业对材料部品的要求相对较低，不论是从材料本身尺寸，还是即用材料的加工完成程度。

假设大部分选用传统的手工艺作业来完成室内精装修施工内容，会带来两个问题：首先装饰材料尺寸要求不高，必然会在现场发生裁切，裁切的材料废弃物必然会占用垂直运输资源；其次装饰材料的加工完成程度不高，不但增加了施工人员的施工机具种类，而且会增加工人安装过程中的次品率，增加的施工机具及材料次品运输无形中也同样会占用垂直运输资源。反之装饰施工装配式作业，对材料部品本身的尺寸要求很高；即用材料在施工现场以外的厂区集约成型，最大限度完成材料的深加工，减少次品率，减少裁切垃圾，减少加工机具种类，更适合有限垂直运输资源的合理分配。

（2）"双绿认证"绿色超高层建筑的客观要求

上海中心大厦项目既要满足我国《绿色建筑评价标准》GB/T 50378，又要达到LEED™绿色建筑铂金的认证级别，对室内建筑材料有了更高的要求。

大部分室内装饰材料客观上明确不能采用传统手工作业，取而代之的只有选择工业化生产装配式施工。例如鉴于LEED™对于环境质量中易挥发性有机化合物（VOC）限制要求，卫生间墙面板采用的蜂窝铝板复核材料就不适合在现场使用胶粘剂或密封胶成型手工加工制作了。

2. 上海中心大厦室内装饰分项工程数字化施工实例分析

上海中心大厦A标精装修项目分项工程中，按精装修施工面积90000m²计，传统手工作业工艺5项、半工业化工艺（将提升为工业化工艺）10项、工业化工艺19项；近70000m²的装配化施工，工业化施工比例装配化施工率80%。在众多的分项施工中，我们不妨从下面几个现场施工的实例深入分析。

（1）预留隔墙的位置分散，延长米数量多。作为将来业主招商的商户后继使用的隔墙顶部刚性连接基层，其稳定性、牢固性是预留隔墙的主要质量控制点。

1）设计方案如图4-131所示：主要采用的是"切、割、裁、焊、钻"传统工艺的钢架基层制作与安装。

2）用装配式组件安装的预留隔墙，每个M10膨胀螺栓极限受拉按照14kN计，计算得每0.6延长米总重约0.55t，受拉强度是极限值的1/4不到，稳固可靠性能达到要求。

3）对比中不难发现装配式施工优势明显；粗略统计，单单用栓接代替传统手工电焊作业这一项，工效提高约2.4～3倍。

4）图4-132所有构成预留隔墙钢板组件均在厂家加工成型，相对于手工焊接施

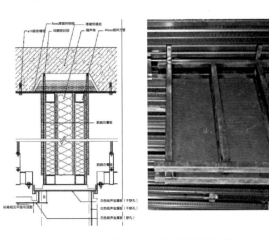

图4-131　采用40方管焊接的传统施工工艺

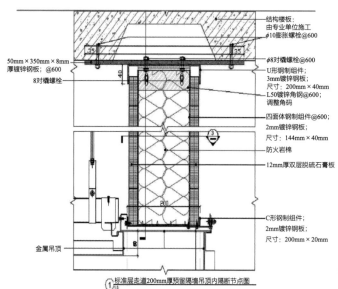

图4-132 装配式组件安装的节点

图中标注（从上到下）：
结构楼板；由专业单位施工
φ10膨胀螺栓@600
φ8对攀螺栓@600
U形钢制组件；3mm镀锌钢板；尺寸：200mm×40mm
L50镀锌角钢@600；调整角码
四面体钢制组件@600；2mm镀锌钢板；尺寸：144mm×40mm
防火岩棉
12mm厚双层脱硫石膏板
C形钢制组件；2mm镀锌钢板；尺寸：200mm×20mm

50mm×350mm×8mm 厚镀锌钢板；@600
8对攀螺栓
金属吊顶

① 标准层走道200mm厚预留隔墙吊顶内隔断节点图

工大幅减少钢架切割损耗，实现现场余料为零，从而减少了垃圾运输的压力。

（2）卫生间台盆无论从钢架的成型、固定点选择，还是面层可丽耐板的预留空洞，总体施工步序繁多。上海中心大厦A标卫生间内的台盆钢架及台盆人造石材面板采用厂区集约成型加工技术，有效解决了人工操作误差大、现场焊接费工费时的问题。

1）如图4-133所示，红色部分表示承重钢架，黄色表示支托可丽耐的背板支托钢板。

2）三维模型与现场照片的对比见图4-134。

3）模块化设计：现场多个楼面尺寸不一，为保证最终饰面效果，在加工制作前预先测量优化，确定台盆中钢架长度、型号等，标准模块定值尺寸，以满足工厂统一流水作业。

4）试拼与校正：在工厂，根据台盆的模块化设计，将预先加工的钢架进行试拼接，与三维图纸对比、校正。

5）台盆体支承架焊接一体成型：对比校正后的台盆钢架在厂家用夹具临时固

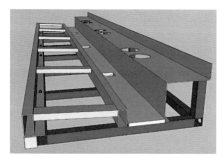

图4-133 装配式组件安装的节点

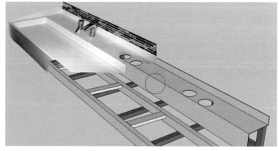

图4-134 三维模型与现场照片的对比

定，在钢架端头位置焊接打磨，形成整体式框架，焊接过程中杜绝热冷不均产生的位移与变形。

6）产品检验：成品完成后厂家通知项目部在出厂前会同厂家产品品质部门进行外观、尺寸、形变等检验。

3. 室内精装修数字化施工的特点和使用效果

（1）功能上，部品工业化加工装配化施工便于维修，较容易使用相同的工厂化部品更换，减少了现场切割、焊接等手工作业，节约劳动力资源的同时也大大减少了现场危险源，有利于现场安全施工。

（2）效率上，部品工业化加工缩短了从图纸到成品的时间，施工效率的提高对于整个工程进度的促进，尤其在这些大体量的办公建筑（同类室内装饰分项工程多处在每个楼层相同部位，且施工总量大）中更为明显。工厂工业化标化生产加工，现场装配组装，将大部分现场作业转移到了专业工厂，减小了人为干预造成的误差，降低了次品率，提高了施工质量。

（3）成本上，提高工人劳动效率，缩短了部品部件到成品的时间，时间成本的缩短意味着工程利润的增长；便于检修更换，相对来说减少了后期维护的成本。

4.5.4 玻璃幕墙工程数字化建造技术

1. 深化设计

上海中心大厦工程建筑外立面采用参数化进行建筑设计，所以几乎所有的幕墙系统均可以用数个逻辑或函数公式进行表达。建筑外立面设计函数如图4-135所示。为了提高参数化建模的效率，采用Rhino和Grasshopper信息化软件进行模型创建，外幕墙系统建模如图4-136所示。

将与幕墙有界面关系的各专业信息化模型和幕墙信息化模型使用同一软件平台进行合模，如图4-137~图4-140所示。全面检查碰撞点分布和空间不足等问题，通过协调各专业深化设计方案进行修正或优化，确保工程实施的顺利进行。

在合模检查并解决完所有的问题后，可以开始幕墙系统的深化设计出图工作。深化图纸分为施工图和加工图，施工图侧

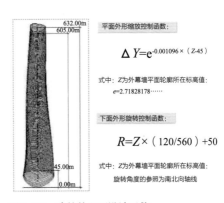

平面外形缩放控制函数：

$$\Delta Y = e^{-0.001096 \times (Z-45)}$$

式中：Z为外幕墙平面轮廓所在标高值；
e=2.71828178……

下面外形旋转控制函数：

$$R = Z \times (120/560) + 50$$

式中：Z为外幕墙平面轮廓所在标高值；
旋转角度的参照为南北向轴线

图4-135　建筑外立面设计函数

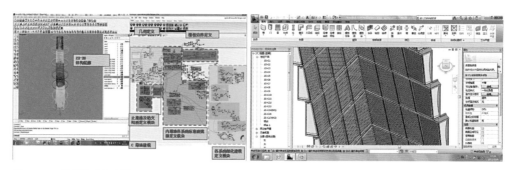

图4-136　外幕墙系统建模

图4-137　主楼外幕墙与钢结构合模检查

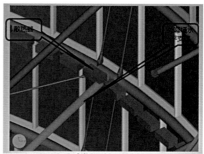

图4-138　主楼外幕墙与机电部件合模检查

图4-139　主楼外幕墙与内幕墙合模检查

图4-140　主楼外幕墙与支撑系统合模检查

重于构造，加工图侧重于数据。上海中心大厦幕墙系统的深化图纸可以通过不同深度的信息化模型直接转换生成，尤其是异形幕墙系统加工数据的提取显得更为准确、高效。外幕墙板块牛腿深化出图如图4-141所示。

2. 加工制作及检测

外幕墙整体式单元系统由竖向龙骨、水平龙骨、垂直玻璃面板、水平不锈钢面板和挂接系统组成，其中挂接系统由1号钢制转接件、2号铝合金挂件和3号钢牛腿组成。其加工制作及组装主要控制各系统组成的精度，需要从材料下料、切割、组框、安装

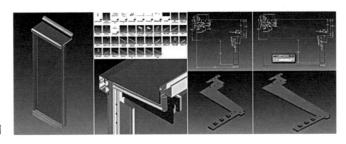

图4-141 外幕墙板块牛腿深化出图

玻璃、打胶、检验等多个环节进行严格把控，并借助信息化模拟技术，对加工制作中的控制环节进行跟踪测量，并将数据及时反馈至理论模型，以确保加工制作的精度。

3. 数字化安装

大型复杂幕墙系统施工的精髓在于通过数字化手段实现高精度的控制，真所谓"精度保证了气密性，气密性保证了水密性"。上海中心外幕墙整体式单元系统的成功实施，得益于外幕墙钢支撑结构施工的精度，通过"跟踪测量、数据反馈、预装模拟"的数字化技术对外幕墙的前道工序——钢支撑结构的施工全过程进行跟踪测量确保其施工精度，并将测量数据反馈至理论模型与外幕墙系统模型进行数字化模拟预拼装，确保幕墙施工的一次成功率。

（1）在钢支撑结构安装阶段，按照控制点位（径向支撑与环梁相交处、2根钢拉棒之间环梁中点）坐标进行空间定位，如图4-142所示，并引入精调工艺确保施工精度，同时幕墙单位派专业测量团队全程跟踪实测；并将转接件控制点位的实测数据与理论数据进行合模校核，在幕墙板块安装前将转接件挂点与幕墙板块挂钩进行预拼装模拟，根据合模和预拼装的结果，对局部超差的控制点位，采取二次转接件调整的方法进行调整。

为了快速响应预拼装模拟的结果，事先制定钢支撑与幕墙匹配精度一体化控制操作流程以及点位偏差标准，如图4-143、图4-144所示，并根据此标准提前加工完成一批非标二次转接件。当局部控制点位偏差超出标准二次转接件调节范围时，根据预拼装模拟结果，快速生成精度匹配的二次转接件，如图4-145所示，并对照相应的偏差标准，可以快速提取非标二次转接零部件，满足现场施工精度和进度要求。

（2）在幕墙单元板块施工阶段，由于幕墙转接件的施工精度预先进行的高精度控制，仅需对安装的单元板块进行精度微调即可达到设计要求，楼层可实现一次性合拢封闭，最后进行打胶封闭和十字缝存水试验，如图4-146所示。

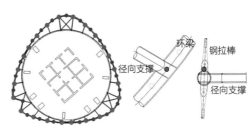

图4-142 钢支撑测量控制点位

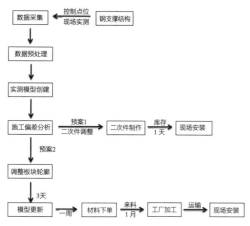

图4-143 钢支撑与幕墙匹配精度一体化控制操作流程

图4-144 钢支撑结构控制点位偏差分类

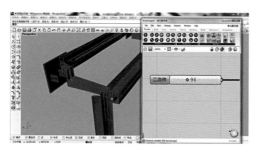

（a）非标二次件情况一

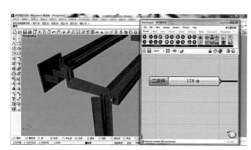

（b）非标二次件情况二

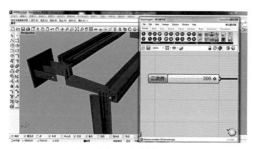

（c）非标二次件情况三

图4-145 预拼装模拟自动生成精度匹配的二次转接件

图4-146 外幕墙单元板块整体安装

4.6　超高结构数字化施工控制技术

上海中心大厦结构复杂，建筑体量巨大，施工过程和施工工艺对结构质量和安全影响显著。上海中心大厦在结构施工之前采用对施工全过程进行模拟以优选最佳施工方案，保证在施工过程中安全和结构形成状态符合设计要求。上海中心混凝土主体结构施工过程中主要考虑混合结构竖向变形补偿技术、施工阶段危险工况分析、核心筒领先层数分析三个方面的影响。

4.6.1　混合结构竖向变形补偿技术

1. 结构竖向变形补偿

超高层建筑结构中的柱、墙、支撑等竖向构件需要承受相当大的轴向压力，而采用的高强钢材和混凝土材料弹性模量增加不多，这就导致超高层建筑会产生较大的竖向变形。混凝土核心筒、巨型框架柱、巨型支撑的应用使得各结构构件的竖向压应力不一致，从而产生较大的竖向变形差。造成这种差异的原因主要有以下三点：①不同的材料特性，核心筒材料为钢筋混凝土，而外围框架为钢结构，相比钢材而言，混凝土具有收缩徐变的特性；②竖向荷载分布差异，核心筒与外框架柱的竖向荷载分配比例不同；③施工顺序差异，在结构施工时，核心筒施工往往领先周边钢框架柱6层左右，领先外围混凝土楼板10～12层，这就造成结构各部分受荷时间有差异。

核心筒与外框架柱材料、竖向荷载分配比例、施工顺序等差异，造成了核心筒与外框架结构竖向变形的差异。竖向变形差异会导致核心筒墙体、楼板和水平桁架等构件产生附加弯矩及附加应力，影响严重时会导致墙体开裂、结构局部损坏、幕墙、管道等受损，必须经过维修或采用加固处理方法后才能重新使用，造成极大的经济损失。为了消除钢筋混凝土核心筒与劲性外框架柱之间竖向变形差异的影响，必须对核心筒和外框架柱进行竖向变形差异补偿[27]。

传统的工程设计分析以建成的结构物为研究对象，结构体系和竖向荷载已经给出，计算时将全部竖向荷载一次性全部施加在结构上，它的优点是一次形成整体刚度矩阵与荷载向量，计算相对简单。但对于混凝土核心筒加外围钢框架结构的超高层建筑来说，实际施工流程是结构自下而上逐层施工，竖向变形不断累加。如果仍采用传统设计分析方法会造成结构的竖向位移和内力失真。因此，我们应采用时变结构分析方法对其进行施工全过程分析。

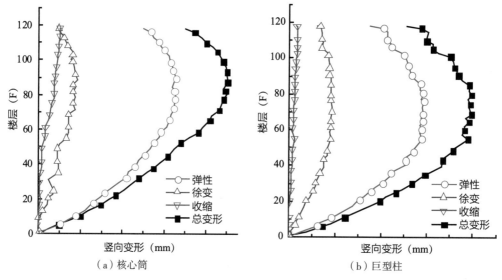

图4-147 竖向变形

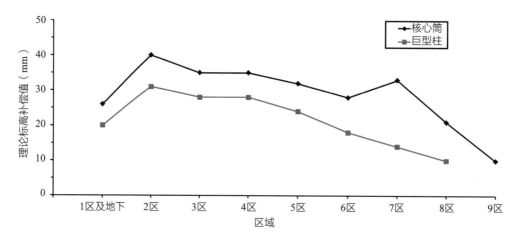

图4-148 核心筒与巨型柱各区段理论标高补偿值

利用有限元仿真计算手段，根据上海中心大厦施工方案，计算得出各个时间段上竖向构件的内力值，进而计算得出相应各个时间段上的竖向变形。从图4-147可以看出，混凝土的收缩徐变效应对高层建筑承重构件竖向变形影响不可忽视。

通过数值仿真分析，得出施工过程中各区的标高补偿值。各区段的理论标高补偿值如图4-148所示。核心筒和巨型柱的标高补偿调整位置位于各竖向分区的顶部，调整后的结构标高应等于该层结构设计标高加上构件的预抛高值[28]。

2. 伸臂桁架固结时机

在塔楼施工过程中，由于巨型柱与核心筒之间的竖向变形差异会在伸臂桁架上产生附加内力。因此有必要研究竖向变形差异对伸臂桁架内力的影响，以确定伸臂桁架终固时机，既要做到不影响施工进度及结构安全，又要控制伸臂桁架附加内力降到设计可以接受的范围内。

通过数值仿真分析，在施工中考虑混凝土的收缩徐变效应，分析两种不同伸臂桁架封闭方案桁架杆件的内力：方案1是施工至各伸臂桁架时直接将其固结；方案2是先将伸臂桁架临时固定（数值模拟中采用铰接约束条件），待施工到第二层桁架层时再把第一层伸臂桁架固结。通过计算分析可知，施工至伸臂桁架时直接将其固结的施工方法会导致桁架中杆件出现较大轴力，第六道伸臂桁架封闭后，第一道伸臂桁架中杆件最大轴力应力比为0.122。相比之下，按第二种情形封闭伸臂桁架时，第一道伸臂桁架中杆件轴力应力比为0.055，其余均控制在0.05以下。因此，采用施工方案2较为合理，既不会影响其在抵抗风荷载或者地震作用时发挥作用，又能大幅降低伸臂桁架的杆件轴力应力比。且根据工程总体施工安排，外幕墙钢支撑施工必须与结构施工流水搭接，如不将伸臂桁架终固，整个幕墙系统的变形控制将变得更为复杂和困难。

4.6.2 施工阶段结构危险工况分析

超高层混合结构在施工期间，为了施工组织的便利性，通常核心筒领先外围巨型框架数十层之多，此时建筑结构的受力状态与建造完成后不一致，筒体与钢框架并未形成完整的协同工作抗侧体系。《高层建筑混凝土结构技术规程》JGJ 3—2010第11.3.4条规定，"当混凝土筒体先于外围框架结构施工时，应考虑施工阶段混凝土筒体在风力及其他荷载作用下的不利受力状态；应验算在浇筑混凝土之前外围型钢结构在施工荷载及可能的风载作用下的承载力、稳定及变形"。

上海中心大厦采用"巨型框架–核心筒–外伸臂桁架"混合结构体系，在水平荷载下这一时变体系也存在着不安全因素。通过仿真计算确定各类荷载作用下的受力及变形规律，对在建结构的安全性进行评判，对保证施工的安全进行起着关键和控制作用。

为了确保施工期间结构的安全性，采用数值方法对上海中心大厦危险施工工况进行模拟分析，以评估结构在风荷载、施工荷载等多种荷载耦合作用下施工阶段的安全性，提出对结构局部脆弱部位加固措施。

1. 危险施工工况选择

（1）危险工况1

核心筒结构施工至111层，混凝土楼面施工至87层，幕墙施工至4区，外围钢框架施工至95层,7区桁架层（99～101层）尚未施工,如图4-149所示,施工工况见表4-8中工况1-1～工况1-6。

工况1 表4-8

工况	核心筒施工层	混凝土浇筑层	幕墙施工区段	外围钢框架施工层	桁架层状态	风荷载
1-1						6级风
1-2						10级风
1-3	111层	87层	4区	95层	6区及6区以下桁架层连接	6级风
1-4						6级风
1-5						6级风
1-6						10级风

图4-149 危险工况1模型

（2）危险工况2

核心筒结构施工至111层,混凝土楼面施工至87层,幕墙施工至4区,外围钢框架施工至99层,7区桁架仅99层水平桁架施工完成,如图4-150所示,施工工况见表4-9中工况2-1～工况2-6。

工况2 表4-9

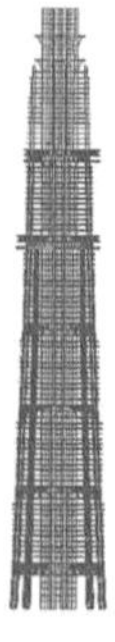

工况	核心筒施工层	混凝土浇筑层	幕墙施工区段	外围钢框架施工层	桁架层状态	风荷载
2-1						6级风
2-2						10级风
2-3	111层	87层	4区	99层	7区（仅99层）及7区以下桁架层连接	6级风
2-4						6级风
2-5						6级风
2-6						10级风

图4-150 危险工况2模型

（3）危险工况3

核心筒结构施工至125层,外围钢框架施工至115层,7区以下桁架层连接完成,如图4-151所示,施工工况见表4-10中工况3-1～工况3-6。

工况	核心筒	钢框架	桁架层	风荷载
3-1				6级风
3-2				10级风
3-3	125层	115层	7区（含7区）以下桁架层连接	6级风
3-4				6级风
3-5				6级风
3-6				10级风

图4-151　危险工况3模型

2. 分析结果

（1）结构变形

工况1和工况2中结构最大水平位移分别是工况1-6对应的464.5mm与工况2-6对应的444.6mm，均小于《高层建筑混凝土结构技术规程》JGJ 3—2010 [$H/1000$]=514.1mm的限值。工况3-6下结构整体水平变形最大值594.1mm，略大于《高层建筑混凝土结构技术规程》JGJ 3—2010限值579.3mm。各工况详细计算结果如图4-152～图4-154所示。

（2）层间位移角

各工况下结构层间位移角见图4-155～图4-157。在约400m（87层）以上，该层为混凝土楼板施工到的位置。工况1-6与工况3-6层间位移角分别为1/378mm、1/473mm，基本符合要求。

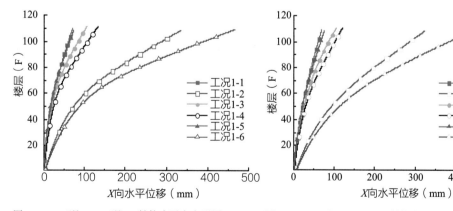

图4-152　工况1-1~工况1-6结构水平向变形图　　　图4-153　工况2-1~工况2-6结构水平向变形图

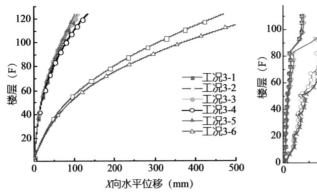

图4-154　工况3-1~工况3-6结构水平向变形图　　图4-155　工况1-1~工况1-6结构楼层层间位移角

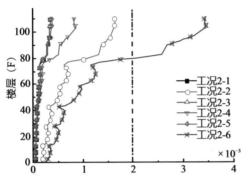

图4-156　工况2-1~工况2-6结构楼层层间位移角

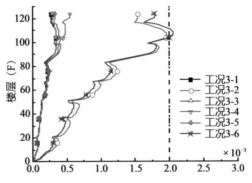

图4-157　工况3-1~工况3-6结构楼层层间位移角

（3）核心筒应力

核心筒底部区域均处于受压状态，不同工况核心筒面内最大应力如表4-11~表4-13所示，最大压应力约为17.7MPa，满足规范要求。核心筒顶部区域基本均处于受拉状态，局部（开洞部位）出现应力集中，工况1-6中局部最大拉应力3.62MPa，考虑钢筋作用后经细部计算满足规范要求。工况3-6下，核心筒底部最大压应力为17.6MPa，满足规范要求。核心筒顶部翼墙大开口区域受到塔吊弯矩及剪切力共同作用，局部最大拉应力达到了13.3MPa，经局部验算，承载力不符合规范要求，可见塔吊对大开口翼墙的局部应力影响较大，需进行加固处理。

工况1核心筒面内最大应力（MPa）　　表4-11

工况	核心筒施工层	钢框架	桁架层	风荷载	塔吊荷载	拉应力	压应力
1-1	111层	95层	6区及6区以下桁架层连接	6级风	—	2.5	11.6
1-2				10级风		2.95	12.2
1-3				6级风	工况 I	2.46	11.7
1-4				6级风	工况 II	2.74	12.8
1-5				6级风	工况 III	2.49	11.6
1-6				10级风	工况 IV	3.62	17.7

工况2核心筒面内最大应力（MPa）　　表4-12

工况	核心筒施工层	钢框架	桁架层	风荷载	塔吊荷载	拉应力	压应力
2-1	111层	95层	7区（仅99层）及7区以下桁架层连接	6级风	—	1.98	7.85
2-2				10级风		2.68	9.97
2-3				6级风	工况 I	2.23	8.26
2-4				6级风	工况 II	2.86	9.21
2-5				6级风	工况 III	2.54	8.2
2-6				10级风	工况 IV	3.5	14.4

工况3核心筒最大应力（MPa）　　表4-13

工况	核心筒	钢框架	桁架层	风荷载	塔吊荷载	拉应力	压应力
3-1	125层	115层	7区（含7区）以下桁架层连接	6级风	—	2.3	14.5
3-2				10级风		4.0	16.5
3-3				6级风	工况 I	8.1	14.9
3-4				6级风	工况 II	9.5	15.5
3-5				6级风	工况 III	8.6	15.1
3-6				10级风	工况 IV	13.3	17.6

CHAP 5

第 5 章

大型设备设施数字化施工技术

5.1 施工电梯数字化管控技术

5.1.1 垂直运输电梯设置

上海中心大厦垂直运输共设置9台施工电梯，均布置于核心筒内，其中6台施工电梯利用永久电梯井道设置，用于二结构、装饰、安装人员和材料运输，1台L1施工电梯用于核心筒墙体施工，1台L2施工电梯用于外围钢结构施工，1台L12施工电梯用于屋面结构施工。在永久电梯开通后利用9台永久电梯进行人员和材料垂直运输，施工电梯平面布置如图5-1所示。

图5-1　施工电梯平面布置图

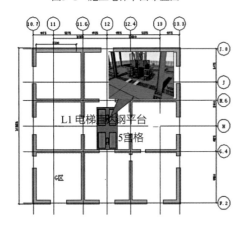

图5-2　直达核心筒钢平台电梯平面图

1号电梯基础设置在主楼基础底板上，停靠在筒架支撑式液压爬升整体钢平台脚手模板体系顶部，如图5-2所示。L1施工电梯采用SCD200/200GS改装型高速双笼电梯，吊笼规格为1.5m×3.2m，电梯最大提升速度1.5m/s，最大使用高度为450m。本工程L1施工电梯使用总高度将达600m，但由于电梯安装高度未达450m时已经进行基础托换，电梯实际使用高度未超过450m。在450m以上运行时，因在核心筒内部，风荷载较小，经厂方验算电梯无须进行改造即可满足本工程需要。为了满足施工电梯在井道内安装的需要，对施工电梯构件采用组合式拼装设计方法，解决了安装及水平运输问题，且组合式拼装设计不改变标准施工电梯外形尺寸。

为了使施工电梯能够到达整体钢平台上方，必须解决附墙问题。本工程采用在整体钢平台侧向设置施工电梯附着点，且在整体钢平台设计中考虑相应荷载作用。

在整体钢平台侧向脚手高度范围内，设置3道附墙杆连接电梯标准节和整体钢平台，附墙杆与整体钢平台中的脚手架采用固定连接方式，附墙杆与施工电梯标准节采用滑移式连接方式。当

图5-3　电梯移动附墙

整体钢平台爬升时，带动附墙杆同步爬升，此时附墙杆在施工电梯标准节上滑移，整体钢平台爬升后，紧固附墙杆与施工电梯标准节的连接，如图5-3所示。

5.1.2　施工电梯基础托换

由于本工程核心筒结构高度较高，长时间占用核心筒井道将影响工期。为避免该问题，采取分段施工方案。当核心筒施工至49层以上，在49层对L1/2施工电梯标准节受力进行托换。即在不拆除下方施工电梯标准节的前提下，在49层设置施工电梯基础，并增加水平防护隔离层和防水层。基础

图5-4　49层电梯基础托换

托换完成后拆除基础以下的施工电梯标准节，防护隔离层下方的核心筒井道可用于永久电梯的安装，由于该位置永久电梯为上行速度达到18m/s的高速电梯，施工周期长、难度大，防护隔离层的设置可以方便该电梯提前分段施工。具体实施时，在核心筒49层相应位置埋设施工电梯托换钢梁埋件，如图5-4所示。

L1/2电梯基础托换后，施工人员需先乘L6/7电梯或Y3电梯至49层，然后转乘L1/2电梯到达结构施工面，如图5-5、图5-6所示。

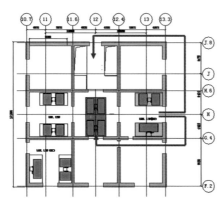

图5-5　Y3电梯未启用前经L6/7换乘

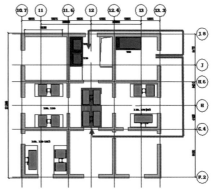

图5-6　Y3电梯启用后由Y3换乘

5.1.3 垂直电梯运输方案

（1）至核心筒施工钢平台的电梯在基础托换前在1层直接乘坐L1直达，电梯基础托换后在1层乘坐L6或Y3至49层转乘L1可达。

（2）至外框结构施工区域的施工电梯在基础托换前由1层直接乘坐L2直达。基础托换后有两种乘坐方式：在1层乘坐L6或Y3电梯，至49层转换L2施工电梯可达；或在1层乘坐L6/7，至84层转乘L10/11施工电梯可达。

（3）至主楼低区幕墙、机电安装、二结构、初装饰等施工区域有两种乘坐方式：在1层直接乘坐L4/5施工电梯或在1层乘坐Y1/2电梯。

（4）至主楼中区二结构、初装饰、幕墙等施工区域有三种乘坐方式：在1层乘坐L6/7可直达；在1层乘坐L4/5至38F换乘L8/9可达；在1层乘坐Y4/5/6至38层换乘L8/9可达。

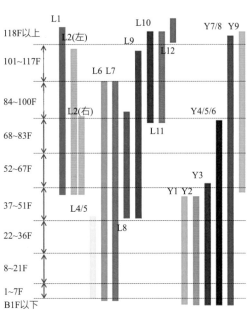

图5-7 电梯垂直运输接力图

（5）至主楼高区幕墙、机电安装、二结构、装饰等施工区域有两种乘坐方式：在1层乘坐L6/7电梯，至84层转乘L10/11可达；或在1层乘坐Y3至50层转乘Y9可达。

（6）至主楼皇冠施工区域有两种乘坐方式：一种在1层乘坐Y7/8电梯，至119层转乘L12可达；另一种在1层乘坐L6/7电梯，至84层转乘L10/11至119层，利用9A永久电梯的井道安装井架至126层。

（7）到后期补缺施工区域在1层乘坐Y1/2/3/4/5/6/7/8/9电梯可达。

（8）电梯垂直运输接力见图5-7。

5.1.4 材料设备运输管理

1. 材料运输统计分析

以精装饰材料运输为例，整个过程分为五大阶段。

（1）第一阶段（二区精装饰运输）统计分析

首先对本区段内粗装和精装饰的主要材料数量、运输情况以及运输完成需要的

施工情况	时间段	天数	主要使用电梯	每天所需时间
二区精装饰材料运输	2013年3月1日~2013年4月25日	56	L4(Y3)	12小时
二区精装饰施工	2013年4月30日~2013年11月17日	—		
五区粗装饰材料运输	2012月12月15日~2013年1月20日	35	L7(L6)	12小时
五区粗装饰	2013年1月1日~2013年7月10日	—		
六区机电材料运输	—	28	L7(L6)	12小时
六区机电毛坯	2013年1月1日~2013年8月31日	—		
四区幕墙材料运输	—	45	L4(L5和Y3)	12小时
四区幕墙	2013年1月9日~2013年5月19日	—		
六区防火涂装材料运输	—		L7(L6)	12小时
六区防火涂装材料	2013年1月11日~2013年4月29日	—		
六区外围土建	2012年12月13日~2013年3月30日	—	L7(L6)	

粗装饰夜间使用电梯情况预估统计情况			
	五区		
	数量	单次情况	总时
石膏板	315	1(40min)	210
龙骨	6908	200(45min)	22
岩棉	4678	25(25min)	78
穿孔铝板	12800	250(30min)	25.6
玻璃棉	356	25(25min)	6.4
吸声墙龙骨	4352	200(45min)	16.6
加气砌块	38.4	0.8(20min)	16
干粉砂浆	38.4	0.8(20min)	16
合计		391h(33d)	

精装饰夜间使用电梯情况预估统计情况					
区域	材料	数量	单次情况	总时	天数
二区	吸声板	24225	50(30min)	242	20
	防静电地板	103416	120(30min)	430	36
三区	吸声板	17091	342(55min)	313	26
	防静电地板	83825	699(55min)	643	54
四区	吸声板	13777	276(40min)	185	15
	防静电地板	67433	562(40min)	376	31
五区	吸声板	12351	247(45min)	185	15
	防静电地板	64519	538(45min)	403	34
六区	吸声板	8962	179(45min)	134	11
	防静电地板	50603	422(45min)	316	26

图5-8 粗装饰和精装饰使用电梯情况预估分析统计表

总天数等进行统计，如图5-8所示。再结合本阶段，分析施工电梯配置和使用的情况，如图5-9所示。

（2）第二阶段（三区精装饰运输）统计分析

第二区段内粗装和精装饰的主要材料统计数量、运输情况以及运输完成需要的总天数，如图5-10所示，结合阶段的施工电梯配置情况分析，如图5-11所示。

（3）其余阶段统计分析

第三阶段（四区精装饰运输）、第四阶段（五区精装饰运输）、第五阶段（六区精装饰运输）的统计分析与第一、第二阶段相同，包括本区段内粗装和精装饰的主要

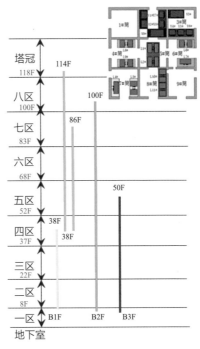

图5-9 第一阶段施工电梯平立面情况

施工情况	时间段	天数	主要使用电梯	每天所需时间
三区精装饰材料运输	2013年4月26日~2013年5月19日	23	L4(Y3)	12小时
三区精装饰施工	2013年4月30日~2013年11月17日	—	—	—
五区粗装饰材料运输	2013年12月15日~2013年1月20日	35	L7(L6)	12小时
五区粗装饰	2013年1月1日~2013年7月10日	—	—	—
六区机电毛坯	2013年1月1日~2013年8月31日	28	L7(L6)	—
四区幕墙	2013年1月9日~2013年5月19日	45	L4(L5和Y3)	—
七区外围土建	2013年4月1日~2013年6月16日	—	L7(L6)	—

粗装饰夜间使用电梯情况预估统计情况			
	五区		
	数量	单次情况	总时
石膏板	315	1(40min)	210
龙骨	6908	200(45min)	22
岩棉	4678	25(25min)	78
穿孔铝板	12800	250(30min)	25.6
玻璃棉	356	25(25min)	6.4
吸声墙龙骨	4352	200(45min)	16.6
加气砌块	38.4	0.8(20min)	16
干粉砂浆	38.4	0.8(20min)	16
合计	391 小时（33 天）		

精装饰夜间使用电梯情况预估统计情况					
区域	材料	数量	单次情况	总时	天数
二区	吸声板	24225	50(30min)	242	20
	防静电地板	103416	120(30min)	430	36
三区	吸声板	17091	342(55min)	313	26
	防静电地板	83825	699(55min)	643	54
四区	吸声板	13777	276(40min)	185	15
	防静电地板	67433	562(40min)	376	31
五区	吸声板	12351	247(45min)	185	15
	防静电地板	64519	538(45min)	403	34
六区	吸声板	8962	179(45min)	134	11
	防静电地板	50603	422(45min)	316	26

图5-10 粗装饰和精装饰使用电梯情况预估分析统计表

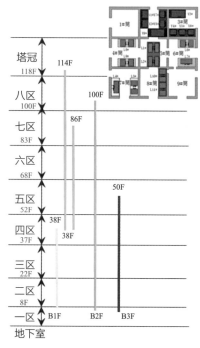

图5-11 第二阶段施工电梯平立面情况

材料数量、运输情况以及运输完成需要总天数的统计，再结合本阶段的施工电梯配置和使用的情况分析等。

2. 施工电梯运能分析

通过上述五个阶段的统计和分析，可以得出：2013年3月~9月这一时间段内电梯材料垂直运输压力较大，详见图5-12。

从图中看出，仅靠施工货梯夜间12小时运输各类材料，无法完成材料垂直运输任务。因此考虑以下措施减缓施工货梯压力，增加垂直运输运能：①利用Y3电梯增加50层以下材料运输运能；②各分包应将材料合理分类，打包后的材料符合小电梯运输要求的，利用小电梯运输，不得占用

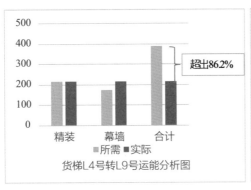
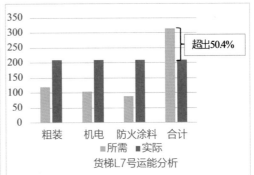

图5-12　电梯运能分析图

货梯运输；③合理调整运输方式，施工段内分批分次根据施工现场情况安排材料运输。

考虑第一条措施后，运能变化分析如图5-13所示。从图中看出，增加Y3号电梯后精装和幕墙的材料运输可大部分满足，粗装、机电和防火涂料的材料运输情况未得到改善。

考虑前两条措施后，运能变化分析如图5-14所示。从图中看出，增加Y3号电梯的同时，合理利用小电梯运输，可以满足材料垂直运输的要求。因此，综合统筹安排电梯使用是解决垂直运输的有效途径之一。

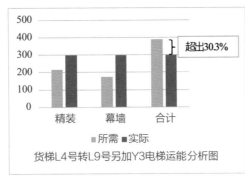
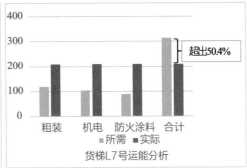

图5-13　增加Y3电梯运能变化分析图

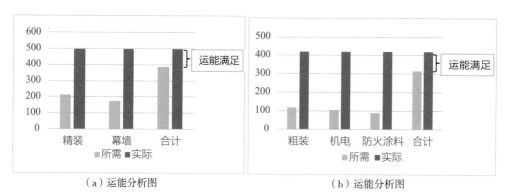

（a）运能分析图　　　　　　　　（b）运能分析图

图5-14　调整后电梯运能变化分析图

5.2　大型塔吊数字化施工技术

5.2.1　外挂爬升支架设计

上海中心大厦主楼结构施工采用四台超2450t·m大型塔吊，呈十字对称状分别外挂于主楼核心筒的四片翼墙外侧，其平面布置如图5-15所示。单台塔吊自重超400t，如此重的大型塔吊采用外爬升工艺，对于爬升支架的设计提出了极高的要求。借助于广州新电视塔外挂塔吊应用的成功经验，设计了等腰梯形爬升架，如图5-16所示，爬升架的两条边与核心筒的两片腹墙对应，利用垂直于翼墙的腹墙传递荷载，从而不需要对核心筒进行额外加固，节约了措施成本。塔吊外挂爬升支架工作照片如图5-17所示。

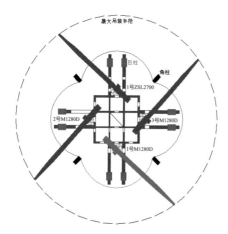

图5-15　大型塔吊平面布置

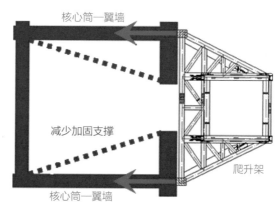

图5-16　改进后爬升支架平面示意

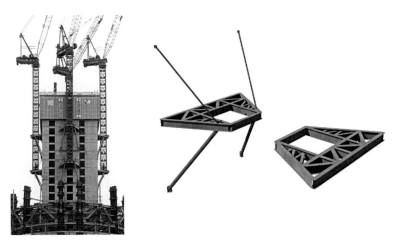

图5-17 塔吊外挂爬升 图5-18 爬升支架三维示意图
支架工作照片

1. 外挂爬升支架结构体系

外挂爬升支架采取"上拉下撑"的结构体系，包括梯形平面框架、两根支撑杆和两根斜拉杆，其中平面框架承受塔吊传递的水平力和扭矩，支撑杆和斜拉杆共同承受塔吊传递的竖向力，为减小支撑杆的内力，设置了斜拉杆并施加400kN预应力，以此减小支撑杆件的内力。爬升支架设计如图5-18所示。

2. 外挂爬升支架设计计算

设计计算时偏于保守地取支撑杆单独支承爬升框架工况，不考虑斜拉杆的作用，计算简图如图5-19所示。

在竖向力、水平力和扭矩的组合作用下，构件的组合应力（弯矩＋轴力）最大应力比为0.70，位于支撑杆与爬升框架连接节点处，构件的最大应力为200MPa，位于梁4和梁1的节点区域，构件应力情况如图5-20所示[31]。爬升支架的整体结构最大位移分别为X向5mm，Y向2mm，Z向10mm。塔吊工作状态时，塔身四个支撑点变形差为3.7mm<[L/1000]=4.0mm，满足塔吊工作状态时的刚度要求。

3. 外挂爬升支架应力监测

为了验证设计计算的准确性，在塔吊爬升支架安装完成和开始工作后进行了全过程实时监测，主要监测各杆件的应力状况。监测分三阶段进行，塔吊爬升为第一阶段，爬升到位为第二阶段，斜拉杆张拉为第三阶段。监测点布置方式为：平面框架箱形钢梁，在其四面各设1个测点，H型钢梁在上下翼缘处各设1个测点；斜拉杆上对称设置1个测点，支撑杆上对称设置1个测点；所有测点总计30个。监测结果与理论计算结果基本吻合，实测值略小。

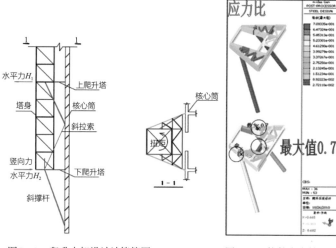
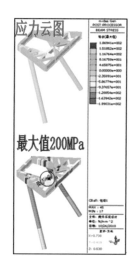

图5-19 爬升支架设计计算简图　　　　图5-20 构件应力情况

5.2.2 大型塔吊置换技术

由于外挂于核心筒上的四台塔吊位置与主楼顶部塔冠结构重叠，严重影响了塔冠结构施工，因此，在主楼外框架结构施工完成后，需要拆除这四台大型塔吊，另行安装一台大型塔吊用于塔冠结构施工。新安装的塔吊还需要承担拆除外挂塔吊的任务。塔吊置换的具体步骤为：核心筒结构完成至125层、外围完成至118层后，利用M1280D塔吊安装一台M900D塔吊，再利用M900D塔吊拆除M1280D塔吊，由此完成塔吊的置换。

1. 转换基础与加固设计

M900D塔吊基础采用转换钢箱梁方式搁置于核心筒130层的八角框架南侧上方，由四根转换钢箱梁将塔吊荷载传递至内外八角框架主弦杆上，外八角框架依靠桁架腹杆支撑传力，由于内八角框架主弦杆的转换大梁搁置处无腹杆支撑传力，需要增设桁架加固支撑。M900D塔吊底部支承结构三维图示如图5-21所示。

计算分析结果显示，在荷载组合作用下，内外八角框架柱、M900D底部支承主体结构、加固支撑的应力比均未超过0.6，说明塔吊置换基础的设计是安全的。

图5-21 M900D塔吊底部支承结构三维图示

图5-22　M900D塔吊安装

图5-23　东侧和西侧M1280D塔吊拆除

2. 塔吊置换

塔吊置换由南北侧外挂塔吊拆除开始，分三阶段进行，第一阶段拆除南侧M1280D和北侧ZSL2700塔吊，第二阶段安装M900D塔吊，第三阶段拆除西侧和东侧M1280D塔吊。M900D塔吊安装作业如图5-22所示，东侧和西侧塔吊拆除作业如图5-23所示。

5.2.3　大型塔吊拆除技术

1. 大型塔吊拆除难点

上海中心大厦大型塔吊拆除的主要难点是用于屋顶塔冠结构施工的M900D塔吊拆除。此时M1280D塔吊已拆除，需要另行安装拆塔机械，按照"中拆大、小拆中、小自拆"的工艺来实施M900D塔吊拆除。由于塔冠外侧主体结构是一个高耸的竖向空间结构，无平面可供中小塔吊安装，仅有一条约2m宽螺旋上升的擦窗机走道可供拆塔机械布置。另外，上海中心大厦主楼平面下大上小，塔冠结构平面与大厦底部急剧收缩，半径差距达20m，给拆塔机械的工作带来了极大的难度。塔冠顶部2m宽坡道图如图5-24所示。

2. 拆塔设备及基础设计

（1）M900D塔吊的拆除采用的机械设备包括2台ZSL380塔吊、1台ZSL200塔吊、1台ZSL120屋面吊及专用拆卸臂。其中ZSL120屋面吊是为了满足上海中

图5-24　塔冠顶部2m宽坡道图

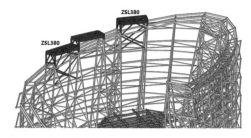

图5-25 塔吊基础模型

心大厦拆塔要求新设计制造的专用设备，大大提高了安全性和适用性，其今后完全可以替代目前使用的各类拆塔屋面吊，在超高层塔吊拆除施工领域具有里程碑的意义。

（2）拆塔设备基础采用4根BH350mm×500mm×12mm×20mm型钢构成基础梁，梁上焊接4个连接装置与塔身螺栓固定；4根基础钢梁形成的平面框架与鳍状桁架钢管柱延伸支腿焊接固定。通用基础共有3个，设置在南侧坡道顶部，塔吊基础模型如图5-25所示。

（3）计算分析结果显示，在荷载组合作用下，ZSL380底部支承主体结构、鳍状桁架立柱、塔吊底部转换结构应力比最大值均未超过0.60，具有足够的安全储备。

3. 塔吊拆除仿真模拟

通过三维仿真软件建立屋顶主体结构、塔冠结构、塔吊、临时塔吊基础的整体模型，并充分考虑施工环境以及施工流程，模拟说明塔吊拆除的全过程。

（1）在通用基础上安装2台4m标准节ZSL380塔吊，臂长40m，工作半径28m时起重力为8.4t，采用单机吊或双机抬吊的方式来拆除M900D塔吊。M900D塔吊拆除作业如图5-26所示。

（2）利用1台ZSL380拆除另外1台ZSL380后，在原先ZSL380位置安装1台ZSL200塔吊，并用ZSL200拆除剩余的1台ZSL380。如图5-27所示。

（3）利用ZSL200塔吊在工作平台上安装一台ZSL120屋面吊，再利用ZSL120屋面吊拆除ZSL200塔吊，如图5-28所示，ZSL120是根据本工程的拆塔工况量身设计和制造的设备，作业半径25m时起重力为4.5t，同时又能自行分解成700kg以下的较

图5-26 ZSL380塔吊拆除M900D塔吊

图5-27 ZSL200塔吊拆除ZSL380塔吊

图5-28 ZSL120塔吊拆除ZSL200塔吊

小部件,便于从施工梯中运输至地面。

（4）ZSL120的拆除配置了专用的旋转拆卸吊臂,由塔冠的内侧运输至121层楼面,通过施工电梯直接运输至B2层卸货区,塔吊拆除完成。ZSL120塔吊拆除如图5-29所示。

5.3 超高空操作平台数字化施工技术

5.3.1 外幕墙整体悬挂式升降平台

图5-29 ZSL120塔吊拆除

上海中心大厦外幕墙支撑体系采用柔性悬挂钢结构,根据桁架层结构的分布分区设置,具有结构体系复杂、施工难度大、风险高的特点。根据悬挂结构的受力特点,本工程需采用"自上而下"的逆作法施工工艺。在施工操作架方面,目前成熟的施工方案设计是采用落地满堂脚手架方案或采用吊篮及挂脚手架方案,但两种方案均存在施工风险大、质量控制难、施工效率低等缺陷,为此本工程研发了整体式升降操作平台,有效保证了施工测量精度,同时节约

图5-30　整体式升降平台现场实施照片

了施工工期，提高了施工效率，现场实施如图5-30所示。

1. 升降平台系统研发

（1）升降平台采用桁架式结构，采取模块化拼装的设计思路，以适应8个分区外幕墙钢支撑体系旋转内收的特点，节约施工成本和提高施工效率。

根据上海中心大厦外形特点，建立分区幕墙设计三维模型，依据各区的幕墙外围尺寸数据，确定升降平台各基本模块的外形尺寸，在此基础上再增加非标模块和施工连廊作为适应升降平台不同外形尺寸的调节手段。升降平台由3块大平台组成，每块大平台之间设置连廊，每个大平台采用"主结构+子结构"的组合结构形式，主结构包括3个小块平台，为升降平台的基本模块，在分区施工时保持不变，子结构包括5个小块平台，随分区平面的变化进行组合拼装。整体式升降平台本体模块化组合与变化如图5-31~图5-33所示。

（2）整体升降平台系统吊挂在桁架层结构下方，由于平台本体的投影外包线部

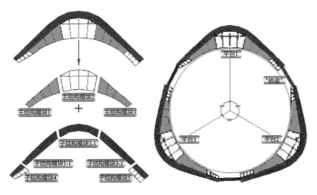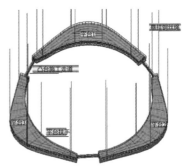

图5-31　2区平台本体模块化组成图示　　　　图5-32　2区升降平台三维图示

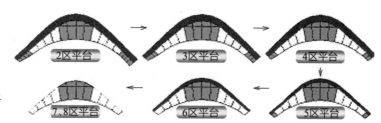

图5-33　2~8区升降平台本体模块化演变图

分超出顶部悬挑桁架层的外包线，因此需要在桁架层上设置外挑钢梁用以吊挂平台结构。外挑钢梁采用双点吊挂（钢梁A）和四点吊挂（钢梁B）的形式。钢梁A上前后各设置1个升降平台悬挂点，钢梁B上前后各设置2个升降平台悬挂点。

（3）升降动力系统采用卷扬机，每个小平台设置4个提升卷扬机同步提升和下降，整个平台共设置36台卷扬机，布置于顶部桁架悬挑楼面上。升降动力系统示意如图5-34所示。

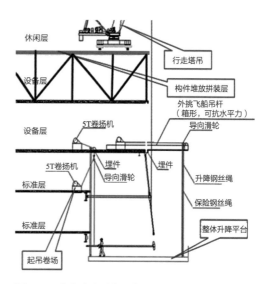

图5-34　升降动力系统示意图

（4）电器控制系统。电器控制系统主要由总控箱、拉力传感器、卷扬机钢丝绳行程传感器、电路系统和变频柜等组成，采用位移同步和钢丝绳拉力同步控制的方案，对平台本体的结构安全性进行控制。

整体平台采取分块控制的方法，共分成9个小块，每个小块由4台卷扬机、4台变频柜和一个总控箱组成。其中，总控箱控制4台变频柜，变频柜与卷扬机相对应；所有电器控制均通过人机交互操作系统进行。单块平台电器控制系统总组成网络如图5-35所示。

2. 升降平台工作流程

整体升降式平台通过悬挑钢梁悬挂于每区桁架层的外挑区域底部，在上一区域桁架层结构顶部悬挑楼面区域进行组装，组装完毕后提升约一个分区高度后进行本区首层钢支撑结构施工，并逐层下降操作以配合完成钢支撑的"逆作法"施工任务。在完成本区的外幕墙钢支撑结构施工任务后，将整体平台翻设至上一个分区，继续按照此操作流程进行施工，直至完成所有分区的施工任务。升降平台典型的使

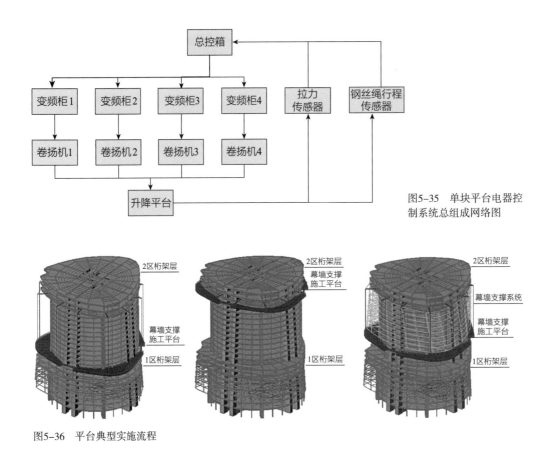

图5-35 单块平台电器控制系统总组成网络图

图5-36 平台典型实施流程

用流程三维示意如图5-36所示。

5.3.2 桁架层吊顶操作平台

主楼8个结构分区中的2～8区，内外幕墙之间垂直方向有21个中庭大堂，每个中庭大堂的高度约为70m，在已安装完工的内外幕墙之间完成中庭大堂最上部吊顶的装修，成为困扰工程进度的重大难题。图5-37为2～8区中庭大堂顶部结构及擦窗机轨道图示。

本工程借鉴"外幕墙钢支撑系统施工用整体式升降平台"研发的经验，确定了"利用大堂吊顶处擦窗机轨道设置整体操作平台"的思路，并引入模块化的设计理念，设计出通用的整体操作平台，使得各中庭大堂只需根据各自的特点在通用平台上稍作改装，就能拼装出符合需求的施工平台，实现资源共享与资源节约利用的目标。

1. 平台本体设计

操作平台设计综合考虑了装饰和机电安装等专业施工对操作平台的需求，以及

图5-37   2~8区中庭大堂顶部结构和擦窗机轨道图示

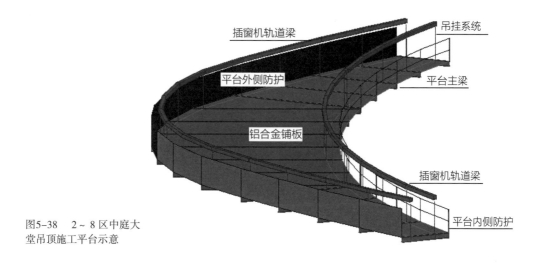

图5-38   2～8 区中庭大
堂吊顶施工平台示意

各施工工况下的垂直运输对平台构件尺寸的限制，确定采用"主结构+子结构"的吊挂结构体系，为适应不同分区中庭大堂的要求，吊挂的工字钢梁采用螺栓拼接进行现场组装；在拼接好的工字钢梁上铺设定型铝合金平台板作为施工平台；平台通过捯链和链条吊挂于擦窗机轨道下部，如图5-38所示。

2. 平台组装工艺研究

平台组装工艺研究中首先通过实地踏看和信息化模型模拟等手段，并借助擦窗机吊篮，确定平台组装施工工艺。首先，利用擦窗机吊篮安装平台钢梁吊挂用的捯链，同时在中庭顶部内幕墙楼面上进行钢梁的组装和拼装；其次，利用吊篮和楼面上的移动小车协同依次安装平台工字钢梁；最后，由内而外顺次铺装定型铝合金单元板，并设置扶手栏杆及完善其他安全设施，形成如图5-39所示的2~8区中庭大堂吊顶施工平台。

图5-39　2～8区中庭大堂吊顶施工平台

5.3.3　机电大型设备受料平台

1. 平台研发

根据上海中心大厦的建筑特点，主要机电设备集中在设备层和避难层，按照施工工序安排，外幕墙先行封闭，只留存预留口供设备和材料吊装和运输，所以根据建筑和机电模型，分析各设备层、避难层和地下室的设备分布情况，研究机电大型设备受料平台的设置和应用。

设备受料平台采用钢平台形式，设备安放于受料平台上，由塔吊吊运至受料口，平台一端与桁架层结构楼面无缝连接，在设备水平移动至结构楼面后，由塔吊将平台吊至地面，典型的设备吊装受料平台如图5-40所示。

2. 平台模拟应用

针对本项目的特点，在施工前建立吊装机械、待安装的机电设备、主体结构三维模型和施工环境三维模型，将不同的吊装方案模拟出来，通过三维、四维BIM模型演示，管理者能够更科学、更合理地对重点、难点进行施工方案模拟及施工指导，执行者能更好地执行方案。图5-41为上海中心大厦设备虚拟吊装方案。

3. 实施效果

受料平台作为主要的吊装设施，为确保安全，事先在场外进行承载试验和稳定性测试；为保证移动平台的使用安全，在使用前做了平台与楼层连接的试验。该项技术成功应用于82层设备层6台冷冻机组安装。由于从核心筒到楼层

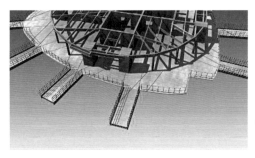

图5-40　设备吊装受料平台

图5-41 上海中心大厦设备虚拟吊装图

外立面，楼层里的钢结构斜撑纵横交错，制约了机组的拖运，6台机组利用西、北2台M1280D塔吊吊装，分别设置6个方向吊入口，利用6个受料平台实现了冷冻机组的转运。

第 6 章

模架装备数字化管控技术

6.1 整体钢平台数字化设计技术

6.1.1 整体钢平台系统简介

核心筒施工采用专有的整体钢平台模架体系，为满足本项目复杂结构的要求，在既有整体钢平台模架体系的基础上进行了技术升级，将原有的机械式动力系统更新为液压顶升动力系统，为数字化施工奠定了基础，模架体系由五大系统组成，如图6-1所示。

（1）钢平台系统：在进行核心筒结构施工时，位于整个模架顶部的用于人员交通及材料和设备堆放的封闭式平台即为钢平台系统，其在平面内连通，具有较大的承载能力，平台总面积约1100m²。

（2）脚手架系统：位于整个平台体系最外围，由角部固定脚手区域及中间滑移收分区域组成，中间可滑移脚手采用滑动式抱箍形式下挂于钢梁下方，利用滑移油缸可实现架体的整体移动，以满足核心筒外墙收分的需要。外挂脚手的外侧采用冲孔板组成的侧挡板封闭，内部采用标准化脚手板进行分层，并设置移动防坠闸板，在方便施工人员多作业面施工的同时，构建了较为封闭的作业空间，有效保障体系内外人员施工作业的安全。为实现多作业面人员的便捷交通，还设置了4个楼梯通道，布置在墙体中间部位，楼梯宽度为550mm，靠脚手架外立杆处布置，楼梯面板采用5mm厚花纹钢板。

（3）筒架支撑系统：筒架支撑系统一般分布于标准核心筒的外周筒体内，由多个独立架构组成，每个独立架构分别位于一个筒体内部，安装有长行程油缸及支撑

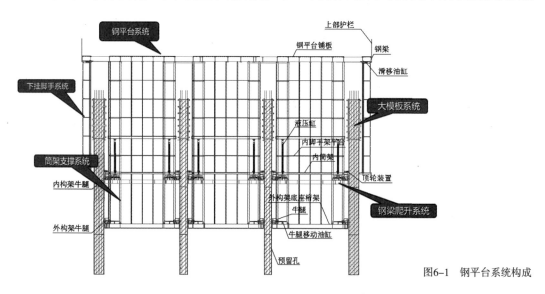

图6-1 钢平台系统构成

牛腿，并通过与顶部钢平台系统形成可靠连接组成整体受力体系。中间筒采用悬挂脚手的方式安装于钢平台系统下部。正常施工状态下，筒架支撑系统通过钢牛腿将钢平台竖向力传递至主体结构墙体上。

（4）钢梁爬升系统：钢梁爬升系统位于筒架支撑系统第6层至第7层之间，由爬升钢梁、牛腿和动力装备组成，通过油缸缸筒与筒架支撑系统4层刚性圈梁层连接。爬升时，由牛腿作为承力部件，提供竖向反力，油缸顶升力则通过4层刚性圈梁传递给油缸周围的型钢柱，再通过型钢柱传递给顶部钢平台，带动整体钢平台提升。

（5）模板系统：本工程采用钢框木模大模板，在核心筒施工至12层时开始起用，大模板配置遵循一般情况按标准层高进行配置，特殊楼层临时接高的原则，尽可能实现大模板的标准化使用。

6.1.2 模块化设计方法

新型整体模架装备在设计上总体采用模块化产品化的设计理念，最大限度地实现每个模块的标准化加工和利用标准化模块进行拼装组合，以此实现各个系统的模块化。在实际施工中，由于采用模块化的设计方法，一方面加快了装备的安装、拆除速度，便于各模块的储存、运输。另一方面，模块化装备加工方便，便于局部更换和补缺，增加了装备的适应性，提高了重复使用率，大幅降低了原材料的损耗。模块化设计方法体现了模架装备的经济性，满足绿色施工的发展要求。

1. 钢平台系统

上海中心大厦超高层建筑的建造对整体钢平台模架装备的安全性、稳定性、适用性均提出了极高的要求，钢平台系统作为施工人员的操作平台及钢筋设备堆放场所，既要采用大操作面设计，又要能提供超大承载力，以满足钢筋和施工设备的堆放和人员操作的需要。钢平台系统一般布置在整个模架装备的顶部，位于已完成的混凝土结构及施工作业平面的上方，方便塔吊装卸材料；其大承载力的优点，保证一次吊装钢筋量可用于施工半层或一层混凝土结构，极大地提高了建造工效。辅助施工机具，如布料机、施工电梯等可附着在钢平台系统上，与钢平台系统实现一体化设计，进一步提高施工效率。

（1）钢平台系统构成

钢平台系统由纵横向主次梁、平台铺板、格栅板及外围挡板组成，如图6-2所示。

由于混凝土结构施工中会发生体形变化，钢平台系统应能迅速作出适应性调整，所以钢平台框架采用模块化设计，一部分钢梁设计成可拆式钢梁，可快速拆

图6-2 钢平台系统示意图

卸、组装以适应任意结构体型施工的需要；考虑到劲性混凝土伸臂桁架层结构的施工需要，将位于竖向混凝土结构顶部区域的钢梁也设计为可装拆式，在安装伸臂桁架层钢结构时连梁可交替拆除与安装，实现钢平台系统不分体的高效安全施工。

（2）钢平台系统模块组件研发

钢平台系统组件充分继承工业化、模块化的研发思路，形成了各类尺寸规格的标准及非标单元框架、跨墙连杆，通过螺栓节点拼接组合形成整体框架，并辅以各类工具化组件，形成适应性极强的钢平台组装模式，如图6-3所示。

2. 筒架支撑系统

筒架支撑系统位于核心筒内部，与内脚手架相连接，是整个装备重要的承重和传力结构。筒架支撑系统与脚手架系统协同工作，确保立体交叉作业的稳定性，在钢梁与筒架交替支撑式模架装备中，筒架支撑系统作为模架装备在搁置使用阶段最为重要的承重与传力结构，其受力性能直接影响到整体模架装备的安全性。

（1）筒架支撑系统构成

筒架支撑结构作为整个支撑系统重要的单元组件具有极强的承载能力，其往往分布于标准核心筒的外围角部，由支撑单元及支撑底梁组合而成（图6-4、图6-5），

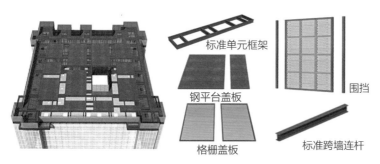

图6-3 钢平台系统标准组件开发

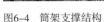

图6-4　筒架支撑结构　　图6-5　筒架支撑底梁

支撑单元下部连接支撑底梁的同时，上部与钢平台系统可靠连接，形成了完整的承力体系，强大的承载能力使其可充分保证整个钢平台在各类作用下的强度及稳定性。

为了满足长行程油缸的布置要求，针对性地在支撑系统下方增设一节爬升段，爬升钢梁穿越其中。爬升时爬升钢梁与筒架交替支撑，实现整体钢平台的向上提升。

底层钢梁采用型钢组成平面受力框架，支撑牛腿以螺栓连接方式安装在筒架支撑系统底梁中，通过液压驱动实现伸缩功能，以满足钢平台施工及爬升的需要。支撑牛腿的设计，既要保证坚固性，又要满足一定的灵活性，以保证大承载能力及自如伸缩的要求。

（2）筒架支撑系统标准组件开发

1）支撑底梁：支撑底梁由定型角部标准支撑钢梁及中间段模数化连接钢梁组成，牛腿安装于定型化角部支撑钢梁上，中间段支撑钢梁一般模数划分为1800mm、3600mm、5400mm等长度，通过角部设置定型化支撑钢梁并通过螺栓由合适模数的中间段钢梁拼装形成底部框架，最后上铺钢制走道板及可开合闸板，形成全封闭底部平台。

2）筒架支撑单元：筒架支撑单元起到连接上部钢平台系统及底部支撑钢梁的重要作用，并可按脚手架步距，间隔设置支撑梁以实现内脚手架的快捷安装。筒架支撑单元布置应与上下钢梁相对应，通过节点板、螺栓连接。筒架支撑系统标准组件开发如图6-6所示。

3. 钢梁爬升系统

钢梁爬升系统位于筒架支撑系统的内部，在钢平台模架装备提升阶段，通过液

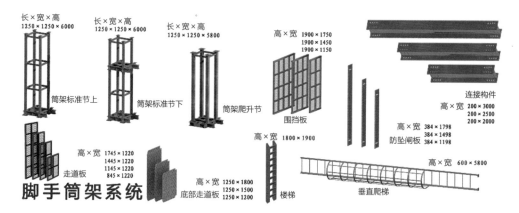

图6-6 筒架支撑系统标准组件开发

压油缸对其作用反力来临时支撑钢平台模架装备,通过液压油缸的反复伸缩来完成钢平台的提升。

(1)钢梁爬升系统构成

钢梁爬升系统位于筒架支撑系统的第6层至第7层之间,包括爬升钢梁、竖向限位支撑装置、长行程液压油缸动力系统以及中央控制系统等。

(2)钢梁爬升系统标准组件开发

1)爬升钢梁:爬升钢梁是钢平台爬升时的承重钢梁,它的设计是根据荷载大小,设计满足承载力要求的平面框架,设置于筒架支撑系统的下部,起到支撑顶升油缸的作用。为实现侧向限位及竖向限位功能,设置水平限位装置(图6-7)及竖向限位装置(图6-8)。爬升钢梁标准化设计类似于筒架支撑单元,角部采用定型化组件,中间部分模数化设计,可满足不同内筒尺寸的需要。

2)支撑牛腿:为支撑整个钢平台受力集中的部位,其承载能力直接关乎整体钢平台安全性。支撑牛腿的设计,在满足承载力要求的同时,又要满足一定的灵活性,以保证施工及爬升时自如伸缩的要求。外牛腿的长度可以设计为1800mm和

图6-7 水平限位装置

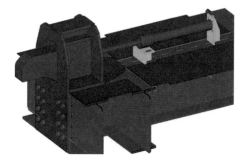

图6-8 竖向限位支撑装置

2400mm两种长度规格，以适应超高层不同厚度墙体的需要。

3）液压动力系统：长行程液压油缸动力系统是决定整体钢平台能否实现顺利提升的关键。长行程液压油缸又是整个系统的核心动力部件，其固定于内架层的底部，在进行整体钢平台动力系统设计时，应首先结合钢平台自重及承载能力选取液压油缸的额定顶升力、布置数量及分布位置，以满足钢平台提升的必要条件，而后选取泵站合理布置位置，最后采用快接接头布设油缸管路，保证整个动力系统运行顺畅。泵站系统选用若干套专用泵站，每套泵站控制4个或5个油缸，通过PLC来达到同步。每套系统可控制4~5个油缸独立工作。由于结构层高通常在4~6m之间，采用单行程3m的液压油缸系统，通常采用一个楼层两次爬升的设计方案。

4. 脚手架系统

脚手架系统以螺栓固定于钢平台的钢梁底部，随钢平台同步提升。脚手架系统是实现全封闭作业的关键，其内外侧面围挡、底部闸板与钢平台系统的侧面围挡形成全封闭安全防护体系，全封闭的设计可以防止粉尘污染、光污染等，真正实现绿色施工，且使高空施工如同室内作业，充分展现人性化设计理念，消除超高空施工作业人员的恐惧心理，从而提高结构施工质量。

（1）脚手架系统构成

脚手架系统沿核心筒墙体布置，通过吊架固定于钢平台的连系钢梁底部。外部脚手架根据施工需要可设计为固定脚手和滑移脚手，主要承受施工过程中可能产生的竖向以及侧向的冲击荷载等。脚手架系统的自重以及承受的竖向荷载由脚手架吊架传至钢平台钢梁底部，设计时按实际作业工况确定相应荷载。内挂脚手系统位于核心筒内筒中，底部通过螺栓固定于筒架支撑系统底梁。

外脚手架由吊架、走道板、侧网、闸板、上下楼梯、防护链条等组成，如图6-9所示。根据钢大模的施工工艺，施工分为模板施工层和模板清理层两部

图6-9　脚手架系统示意图

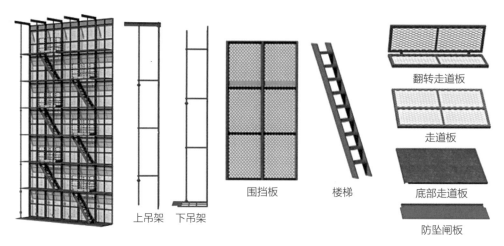

翻转走道板

走道板

底部走道板

防坠闸板

围挡板　　楼梯

上吊架　下吊架

图6-10　脚手架系统标准组件开发

分。模板施工层要求脚手架距离墙体要近，以便于对拉螺栓的操作施工；而模板清理层脚手架要距离模板远一些，以便于模板的清理和修补。内脚手架由吊架、走道板、侧网、闸板、上下楼梯等组成，共分为六层，层高与外脚手架相同。

（2）脚手架系统标准化组件开发

脚手架各部分组件均采用标准化、工业化开发方式，各组件拼接便利，实现了安装、拆除、替换的快捷施工模式。各组件如图6-10所示。

6.2　整体钢平台模架系统虚拟仿真技术

6.2.1　模架装备虚拟建造平台系统

为有效管理整体钢平台模架装备的标准模块构件及组件，最大限度实现钢平台模架装备的重复周转使用，同时有效解决钢平台安装及施工中可能出现的各组件碰撞冲突等问题，开发了整体钢平台模架装备虚拟仿真建造平台系统。该系统具有各子系统参数化建模、模型库管理、装备仿真拼装、装备与结构合模的可视化仿真建造等功能（图6-11、图6-12），改变了传统工艺手段，实现了数字化建造。整体模架装备仅能适应单一工程需要、不能周转使用的现状得到了根本改变，模架装备综合周转率理论上可达90%以上。

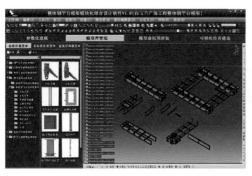

图6-11 模型库管理

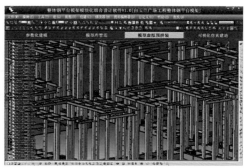

图6-12 模型仿真预拼装

6.2.2 模架装备虚拟仿真施工技术

1. 结构体型变换全过程虚拟仿真技术

上海中心大厦核心筒结构体型复杂，墙体厚度经过多次收分，外围翼墙从1200mm减小至500mm，中间腹墙从900mm减小至500mm，核心筒结构体型从九宫格逐渐变为五宫格，整体钢平台模架装备需跟随结构体型的变化进行空中分体转换，以满足结构施工的需要，如图6-13所示。

为了适应核心筒结构体型变化，钢平台模架需要进行外挂脚手架的整体平移，内筒架空中解体转换为外挂脚手架等许多复杂的动作，在钢平台体型变换过程中，其附墙搁置点的位置、数量随结构墙体的变化也会有不同。为了解决钢平台体型变换过程中可能出现的与结构碰撞及安全隐患问题，验证施工方案的合理性，并对施工方案做最优化处理，采用三维模型进行虚拟施工，如图6-14、图6-15所示。

2. 特殊结构层虚拟仿真技术

上海中心大厦结构设计中，为了提高结构的抗侧刚度、控制结构侧移，采用了设置结构加强层的方法。在核心筒墙体内设置钢板剪力墙，在核心筒与外框柱之间共设置了六道穿越核心筒墙体的伸臂桁架。剪力钢板、伸臂桁架构件常需要从整体钢平台模架顶部吊入核心筒内进行安装，必然会与钢平台系统的部分跨墙钢梁发生

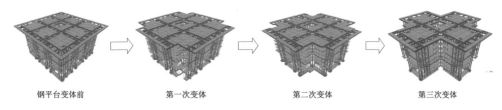

| 钢平台变体前 | 第一次变体 | 第二次变体 | 第三次变体 |

图6-13 钢平台体型变换示意图

图6-14　外挂脚手架整体滑移

图6-15　内筒架变形为外挂架

图6-16　剪力钢板安装施工

碰撞，因此，核心筒内的剪力钢板与伸臂桁架会严重影响整体钢平台的爬升和使用。为了解决这个问题，上海中心大厦工程在整体钢平台模架系统中设置了标准跨墙连梁，通过采用灵活装拆部分标准跨墙连梁的方式，可满足塔吊将剪力钢板、伸臂桁架直接吊运至钢平台下方安装的需要；对于部分因为受力需要不能拆装的跨墙钢梁，则采用在钢平台钢梁底部设置滑移轨道和可移动吊点的方式，通过空中接力滑移的方式将剪力钢板或桁架分段安装到位，如图6-16所示。

下面，结合上海中心大厦伸臂桁架的施工案例，具体介绍钢平台拆装与伸臂桁架安装的施工仿真流程。上海中心大厦的伸臂桁架位于九宫格的纵横向中间两道腹墙内，高度为两个层高，其施工流程为：

（1）拆除钢平台系统中间宫格的东西方向跨墙连梁，吊装南北方向中间宫格的伸臂桁架下弦杆（图6-17），吊装完成后恢复跨墙连梁；

（2）拆除钢平台系统中间宫格的南北方向跨墙连梁，吊装东西方向中间宫格的伸臂桁架下弦杆（图6-18），吊装完成后恢复跨墙连梁；

（3）拆除钢平台系统外围宫格中间部位的跨墙连梁，吊装伸臂桁架下弦杆，吊装完成后恢复跨墙连梁，由此完成伸臂桁架下弦杆安装（图6-19）；

（4）施工一层核心筒混凝土结构，整体钢平台模架爬升一层，安装伸臂桁架腹杆和上弦杆（图6-20）；

（5）按照安装步骤（1）和（2），分次拆除钢平台系统中间宫格的纵横向跨墙

图6-17　南北向中部下弦杆吊装

图6-18　东西向中部下弦杆吊装

图6-19　井字外围下弦杆吊装

图6-20　南北向中部腹杆和上弦杆吊装

图6-21　东西向中部腹杆和上弦杆吊装

图6-22　井字外围腹杆和上弦杆吊装

连梁，吊装中间宫格部位的伸臂桁架腹杆和上弦杆（图6-21），吊装完成后恢复跨墙连梁，完成中间宫格的伸臂桁架施工；

（6）拆除钢平台系统外围宫格中间部位的跨墙连梁，吊装外围伸臂桁架腹杆和上弦杆（图6-22），吊装完成后恢复跨墙连梁，由此完成伸臂桁架安装，实现整体钢平台模架穿越桁架层施工。

6.3 整体钢平台系统全过程力学性能模拟

6.3.1 模架装备施工工作原理

上海中心大厦核心筒存在多次收分变形，由最初的九宫格逐渐变化，形成了最后的十字状形态的核心筒，如图6-23所示。整体提升钢平台在设计时，应充分考虑这一结构特征，保证各阶段钢平台的安全性，并为钢平台的变形施工进行充足的事前准备，以实现此类核心筒结构的安全、高效建造。

为保证整体提升钢平台的安全稳定，选取两个较为典型的受力状态对钢平台进行承载能力校核，一个是正常施工状态，另外一个为爬升状态，二者在受力模式上存在较大不同。正常施工状态下，整体提升钢平台竖向传力路线主要为：施工荷载→钢平台系统→筒架支撑系统→支撑系统钢牛腿→结构墙体；爬升状态下，整体提升钢平台竖向传力路线主要为：施工荷载→钢平台系统→筒架支撑系统→动力系统→钢梁爬升系统→钢梁爬升系统钢牛腿→结构墙体，如图6-24所示。同时，考虑到筒架支撑系统上设置有附墙滑轮，在水平力作用下，附墙滑轮可利用其强力弹簧顶紧核心筒墙体，故其可提供水平侧力。

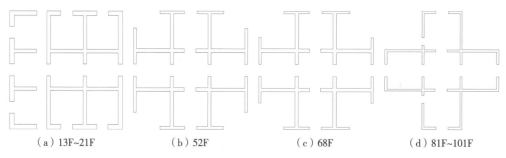

(a) 13F~21F (b) 52F (c) 68F (d) 81F~101F

图6-23 上海中心大厦核心筒变形

（a）正常工作状态 （b）爬升状态

图6-24 模架装备竖向传力途径

6.3.2 模架装备有限元模型建立

1. 计算工况及荷载选取

选取典型受力状态进行分析,一种为正常施工状态,第二种为爬升状态。

（1）正常施工状态荷载选取

正常施工状态应当选取的荷载为恒荷载、施工状态活荷载及风荷载。各类荷载的取值如下:

1）恒荷载

恒荷载取各类钢结构自重进行计算:钢平台面板自重标准值取0.6kN/m²;脚手架系统及筒架支撑系统所用钢板网自重标准值取0.2kN/m²;所用钢板自重标准值取0.4kN/m²;外侧彩钢板自重标准值取0.15kN/m²;内冲孔网自重标准值取0.1kN/m²;外挂脚手架自重荷载直接加在整体模型上,其标准值按850kN选取;大模板自重标准值按2100kN计算;液压泵站自重标准值按15kN/个计算,合计8个;长行程液压油缸自重标准值取15kN/个,整个钢平台36个油缸共计540kN;钢牛腿自重标准值取5kN/个,整个钢平台36个钢牛腿共计180kN;电气控制及安全控制室1个,重15kN;布料机2台,自重标准值取110kN/台,共计220kN。

2）施工状态活荷载选取

施工状态人员荷载标准值按0.75kN/人记取,考虑200人同时作业,共计150kN,堆载主要考虑施工本楼层的钢筋荷载及其他小型设备荷载,荷载标准值为1500kN左右。

3）风荷载

正常施工状态指8级以下（含8级）风作用下的钢平台处于正常施工的情况,在此条件下施工可照常进行。计算时,偏于安全考虑,施工状态下结构计算中风压按不同方向风荷载（12级）作用,为体现数字化建造的特征,风荷载按风力风级计算得到,考虑到本项目施工高度超过500m,荷载规范中对这一高度的风荷载没有特殊约定,根据以往的工程经验,偏于安全取其风速为$v=36.9\text{m/s}$,由此计算得到基本风压为$w_0=v^2/1600\approx1.08\text{kN/m}^2$

（2）爬升状态荷载选取

爬升状态下选取的荷载为恒荷载及爬升操作人员荷载,由于不带模爬升且本层施工已结束,故不考虑大模板荷载及钢筋堆载。

1）恒荷载

参见正常施工状态。

2）施工状态活荷载选取

考虑爬升操作人员荷载22.5kN（0.75×30），电焊机等小型机械1.5kN/台，合计20台。

3）风荷载

爬升状态指6级以下（含6级）风作用下的模架可正常爬升的情况，当风力达到6级以上时，模架装备应停止顶升。计算时，偏于安全考虑，爬升工况中风荷载按照8级风取，风速取为v=20.7m/s，基本风压为：w_0=v^2/1600≈0.25kN/m²。为安全起见，结合以往工程实践经验将基本风压放大一倍，取w_0=0.54 kN/m²。

2. 建立计算模型

采用MidasGen有限元计算软件对整体钢平台进行建模计算。选取具有代表性的两个形态，即13F~21F变形前状态及81F~101F第三次变形后状态进行计算分析，并建立模型[30]，如图6-25所示。

有限元模型针对主要受力构件，如钢平台梁、竖向立柱、水平横梁、爬升系统主要构件等均进行了建模，次要构件，如外挂架、格栅板、围栏、挡板等采用等效作用力替换的方式，将其等效作用力施加在整体模型上，使模型主要部件传力明确，计算结果安全可靠。

有限元计算模型中，主体结构均采用梁单元建立，内脚手吊挂体系则只考虑其受拉能力，采用索单元建立。钢平台与核心筒结构墙体连接处边界条件简化为铰接，根据不同施工状态支撑点不同，分别设置在不同位置。正常施工状态，设置于筒架支撑系统底部钢牛腿处；爬升状态，设置于钢梁爬升系统牛腿处。梁与柱单元之间、梁与梁单元之间根据拆分要求及节点实际刚度采用刚性连接、铰接及半刚性

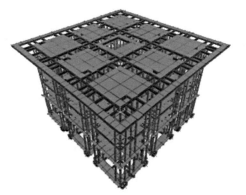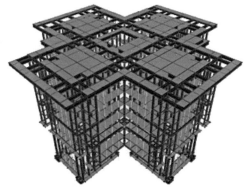

图6-25　模架装备有限元计算模型示意图

连接[44]。同时，考虑能提供侧向约束的附墙导轮，可在设置附墙导论的立柱相应位置考虑弹簧约束作用，刚度近似取k=2500kN/m。

6.3.3 模架装备有限元仿真分析

1. 基本设计原则

充分考虑模架装备在长期使用过程中的反复拼装、拆分及变形，为保证其实际使用过程中的可靠性，在设计时遵循以下控制原则：

（1）设计中，充分保证重要支撑构件立柱的承载能力，控制其应力比不大于0.8；

（2）控制悬挑结构挠度不超过40mm。

2. 变形前有限元模型计算结果分析

在正常施工状态下，为满足承载力要求，共计设置32个支撑牛腿于核心筒结构上；爬升状态总计设置36个液压油缸，以满足模架顶升的需要。

（1）正常施工状态

钢平台主要承力构件应力比计算结果如图6-26所示，最大应力比为0.787<0.8，绝大多数构件应力比均小于0.6，满足要求。

平台梁竖向位移如图6-27所示[44]，平台梁最大竖向位移均发生在四个角部悬挑处，最大值约为34.8mm<40mm，除悬挑部位外，其他平台梁最大位移约为17.1mm，满足要求。

水平位移如图6-28、图6-29所示，钢平台X、Y方向变形较为均匀，最大变形约为24.3mm。

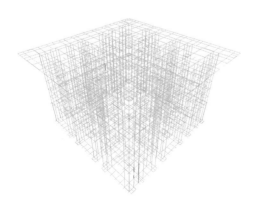

图6-26 正常工作工况承重结构应力比

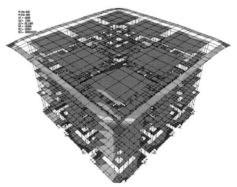

图6-27 正常工作工况钢平台竖向位移云图

图6-28　正常工作工况X方向水平位移　　　　图6-29　正常工作工况Y方向水平位移

（2）爬升状态

爬升状态下，模架体系恒载总计10483kN。单个油缸最大顶升能力为450kN，总计顶升能力为450×36=16200kN>10483kN，满足爬升的需要。

遵照每个油缸有效载荷一致、顶升过程中相对位移差不超过5mm的原则，经计算得出各油缸在恒载作用下的顶升力最大值为337kN，最小顶升力为138kN，满足爬升需要[44]。

钢平台主要承力构件应力比计算结果如图6-30所示，最大应力比为0.654<0.8，绝大多数构件应力比均小于0.6，满足要求。

平台梁竖向位移如图6-31所示，平台梁最大竖向位移均发生在四个角部悬挑处，最大值约为26.4mm<40mm，除悬挑部位外，其他平台梁最大位移约为12.1mm，满足要求。

水平位移如图6-32、图6-33所示，钢平台X、Y方向最大变形约为16.7mm，由于采用了8级风荷载进行计算，实际施工中6级风即停止顶升，故安全性满足要求。

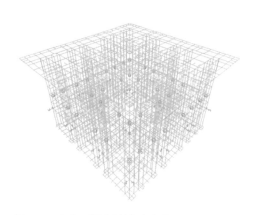

图6-30　爬升工况承重结构应力比

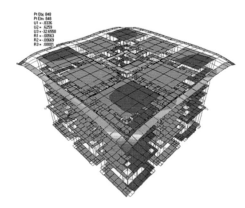

图6-31　爬升工况钢平台竖向位移云图

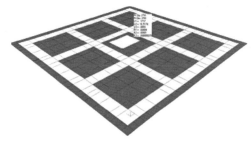

图6-32　爬升工况X方向水平位移云图　　　　图6-33　爬升工况Y方向水平位移云图

3. 变形后有限元模型计算结果分析

在正常施工状态下，为满足承载力要求，共计设置24个支撑牛腿于核心筒结构上；爬升状态总计设置24个液压油缸，以满足模架顶升的需要。

（1）正常施工状态

钢平台主要承力构件应力比计算结果如图6-34所示，立柱最大应力比为0.774，发生在首层角部立柱处，绝大多数立柱应力比均小于0.7。有7根连接立柱的小梁应力比超过1.0，在模架体系变形后对这些局部小梁进行加固处理[44]。

平台梁竖向位移如图6-35所示[44]，平台梁最大竖向位移发生在某两个角部悬挑处，最大值约为35.1mm<40mm，除悬挑部位外，其他平台梁最大位移约为12.25mm，满足要求。

水平位移如图6-36、图6-37所示，由于变形后侧向刚度削弱，变形值略有增大，钢平台X、Y方向最大变形约为31.7mm。

（2）爬升状态

爬升状态下，模架体系恒载总计6656kN。单个油缸最大顶升能力为450kN，总计

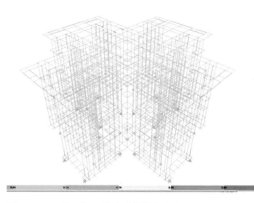

图6-34　正常工作工况承重结构应力比　　　　图6-35　正常工作工况钢平台竖向位移云图

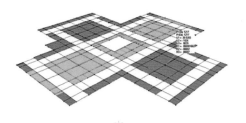

图6-36　正常工作工况X方向水平位移云图

图6-37　正常工作工况Y方向水平位移云图

顶升能力为 450×24=10800kN>6656kN，满足爬升的需要。经计算得出各油缸在恒载作用下的顶升力，其中油缸最大顶升力为367kN，最小顶升力为176kN，满足爬升需要。

　钢平台主要承力构件应力比计算结果如图6-38所示，最大应力比为0.653<0.8，绝大多数构件应力比均小于0.6。平台梁竖向位移如图6-39所示，平台梁最大竖向位移发生在两个角部悬挑处，最大值约为19.71mm<40mm，除悬挑部位外，其他平台梁最大位移约为9.2mm。水平位移如图6-40、图6-41所示，钢平台X、Y方向最大变形约为20.8mm。均满足要求。

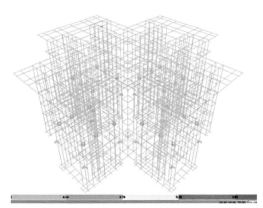

图6-38　爬升工况承重结构应力比

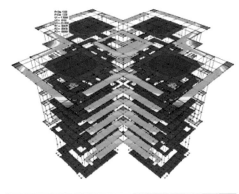

图6-39　爬升工况钢平台竖向位移云图

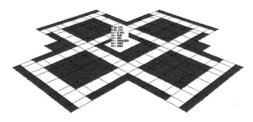

图6-40　爬升工况X方向水平位移云图

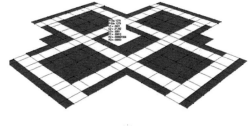

图6-41　爬升工况Y方向水平位移云图

4. 各状态施工要求

为保证整体钢平台模架装备的实际受力状态与计算分析一致，施工时应注意以下问题：

（1）正常施工状态下，应严格按要求对模架体系进行限载，禁止超载。尤其应当重点控制悬挑部位的堆载，防止悬挑部位变形过大。

（2）整体钢平台上风力超过8级时，应停止施工作业。

（3）正常施工状态下，当风力超过12级时，应在钢平台与主体结构间设置足够的临时拉结，保障钢平台的安全。

（4）爬升状态下，应严格控制模架体系上部活荷载，并禁止集中堆载，防止局部油缸超载。

（5）模架装备宜在爬升前进行预顶升，根据预顶升结果修正各类参数并确定最终爬升方案。

（6）严格控制土建施工的误差，如各牛腿的相对标高误差等，避免模架体系产生过大的次内力。

6.3.4 钢牛腿有限元受力分析

正常施工状态及爬升状态虽然传力途径不同，但最终力都由钢牛腿传递至混凝土墙体，钢牛腿的安全性从一定程度上可以直接决定模架体系的安全状态，因此需要对此重要节点进行受力分析。

采用MidasGen有限元软件进行建模。钢牛腿采用Q390钢材，节点厚度为110mm，采用板单元进行模拟。钢牛腿所受最大竖向力经计算为647kN，偏安全地取700kN进行计算，模型如图6-42所示。

钢牛腿竖向变形最大值出现在悬臂端，其最大竖向变形为1.24mm，如图6-43所示。钢牛腿Von Mises应力最大值为297MPa，如图6-44所示[44]。钢牛腿节点的受力与变形均满足要求。

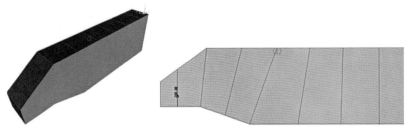

图6-42　钢牛腿有限元模型

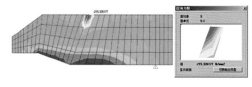

图6-43　钢牛腿竖向位移云图　　　　　　　　图6-44　钢牛腿Von Mises应力云图

6.4　实时监测及可视化控制技术

6.4.1　模架装备系统实时监测技术

1. 测点布置原则

测点应布置在决定整体模架体系安全性的关键构件和关键节点上，如钢平台梁、立柱、牛腿支座等。选择测点时，可根据具体的施工过程（施工步骤），对各钢平台体系进行全施工过程（多状态下）的有限元仿真分析，重点关注使用过程中输出响应（应力或变形）较大的构件（节点）或输出响应变化较大的构件（节点）。这样可以宏观地把握整个钢平台体系在施工过程中的实际受力情况，且能对可能出现的危险情况做出预警，从而保证体系正常、安全运行。

2. 监测内容

（1）应力监测

根据上海中心大厦塔楼钢平台体系有限元分析的结果，钢平台梁、立柱、牛腿等构件应力较大，应对这些主要构件进行应力监测。

（2）变形监测

实际监测过程中，根据测点布置原则，选取钢平台竖向及两个侧向变形、立柱两个方向侧向变形及长行程液压油缸的侧向变形进行重点测量。

（3）风力监测

在钢平台上安装风速测量装置，对施工及爬升状态下的风速进行实时测量，充分把握每个时间现场的风速数据。一方面可以为钢平台有限元计算中的风荷载数据提供有力支持，另一方面，可以充分满足方案中对于正常施工（8级风以下）及爬升施工（6级风以下）中风力的要求，确保现场施工的安全。

（4）液压油缸压力监测

液压油缸的压力是否满足要求，直接关乎整体钢平台是否能够顺利完成顶升。

油缸压力的监测可直观地为钢平台受力分析及现场施工提供数据支撑。钢平台动力系统具备在爬升过程中实时监测油缸压力的功能。通过无线网关设备可将液压油缸压力的监测数据纳入整体钢平台体系的监测系统中，实现数据的共享。

（5）牛腿深入度监测

在正常施工或爬升状态下，整个钢平台的重量和施工荷载（材料堆载、机械设备及施工人员荷载）最终传递到了下部的支撑牛腿上，而牛腿是否正常伸入预留洞口是其能否正常工作的关键。因而，采用视频监测的方式对牛腿是否正常伸入进行监测。

（6）牛腿压力监测

实际监测过程中，需对牛腿压力进行监测，以便实时掌握钢平台的负载情况。

（7）钢平台与塔吊距离监测

为协调钢平台、塔吊及施工电梯间工作，保障安全，采用一台全向摄像头用以实时观测钢平台顶部。并在钢平台上安装一台红外测距仪，监测塔吊与钢平台间的距离变化，塔吊上设置目标面钢板，红外测距仪布置在钢平台上，随钢平台爬升。

3. 监测设备

钢平台应变监测传感器采用基康智能振弦式应变计。振弦式传感器可直接输出振弦的自振频率，达到测量受测物体形变的目的，因此具有稳定可靠、受外界影响小、使用寿命长等多种优点，是目前普遍运用的一种精度较高的传感器。应变采集系统采用无线传输方式，数据采集方便快捷。

无线倾角仪可通过测量倾角的变化反映构件测量的变形程度，是普遍采用的用于测量结构或构件侧向变位的仪器，具有精度高、延时小的特点。多个无线倾角仪可同时接入单个3G网关，实现数据的全无线传输，见图6-45。

采用静力水准系统对钢平台测点的垂直位移及倾斜进行监测，利用安装在各个测点的水准仪，采用有线或无线传输方式，将采集单元与多个水准仪进行模块化集成，实现水准检测的智能化、自动化观测，见图6-46。

图6-45　HCF2000无线倾角仪

图6-46　静力水准仪

4. 数据传输

超高层核心筒不断向上施工的过程中，信号的不稳定及传输距离的不断延长都给数据的传输带来了挑战。针对上述困难，综合使用的各类传感设备，整体采用无线数据传输的方案，以满足施工过程中钢平台数据监测的实时需要。

无线传输采用本地局域网加入云模块传输的方式进行，利用钢平台内部组建的局域网，将各类传感器及采集设备综合入本地局域网中，数据由局域网传输至3G/GPRS远程入云模块，再由入云模块传输至网络上的远程服务器进行储存，监测人员再通过网络直接获取服务器内的监测数据。由此，实现数据的远程监测和实时处理。其中，3G/GPRS设备统一安装于塔楼标高较低处信号较好的位置。

6.4.2 模架装备系统可视化控制技术

基于BIM技术，实现钢平台、监测信息、施工工况等信息的有机集成，支持钢平台实时几何形态的可视化展现和复杂工况的模拟分析；并探索根据监测信息自动更新钢平台BIM模型和结构计算模型，为钢平台设计和优化提供参考。

1. 整体钢平台建模

采用Autodesk Revit创建钢平台BIM模型，支持监测系统布线方案模拟、爬升过程模拟、结构计算和监测信息展现。针对应用需求，建立的BIM模型包

图6-47 钢平台内部细节图

括塔楼的核心筒结构、钢平台、垂直运输设备、监测设备及其布线。针对钢平台中模板吊点板、拦网等常用构件定制加工级别参数化的族库，支持模块化、标准化钢平台设计和快速建模。建立的钢平台BIM模型如图6-47所示。

2. 整体钢平台爬升模拟与优化

（1）正常工况下钢平台爬升模拟

在钢平台使用中，爬升过程是一个复杂、风险较大的阶段，预先通过BIM软件模拟其爬升过程，支持项目工程师和管理人员在可视化平台中分析爬升过程中可能存在的问题，做到提前防备。并且钢平台的爬升是一个重复的过程，可以根据实际情况，增加模拟的真实性，形成标准化、多样化的模拟方案，支持可视化的技术交底，提高施工效率和安全性。

（2）跨桁架层的钢平台爬升模拟、动态碰撞检测和优化

在钢平台过桁架层时，钢平台的自有构件与伸臂桁架之间的关系错综复杂，难以用二维图纸表达清晰，通过三维模型能够清晰了解到构件之间的关系，在钢平台爬升的动态过程中这些问题则更为突出；因此基于BIM技术，对跨桁架层的钢平台爬升过程进行模拟，便于管理人员进行深度分析，发掘可能存在的问题，支持优化爬升方案。

3. 基于监测信息的BIM模型动态更新技术

根据监测获得的钢平台四个角点与中心点相对变形信息动态更新BIM模型中四个角点的位置，然后根据钢平台理论的变形形态计算其他关键点的相对变形，最后基于此更新BIM模型中各个构件的空间位置，探索根据实时监测信息动态更新BIM模型的方法和技术，从而构建真正意义上的施工BIM模型，为后续基于BIM的施工过程分析和管理提供最准确的模型。

4. 基于BIM的钢平台工作过程动态结构分析

在钢平台无堆载（刚提升完成时），选择风速较小的时刻，获得钢平台的变形监测信息，更新钢平台BIM模型，假定为自重作用下钢平台的真实几何形态；然后基于APDL等开放格式通过Revit二次开发，自动根据BIM模型导出为结构计算模型，用于分析钢平台工作过程中的真实受力形态，支持施工过程的钢平台安全控制和管理。该研究可实现BIM、监测系统和安全分析的三方面信息共享，如图6-48所示，提升施工过程中BIM应用水平，提高施工监测和分析的效率和作用。

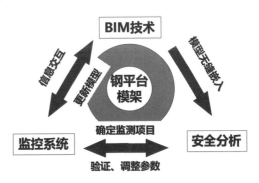

图6-48　BIM、监测系统和安全分析的信息互导

5. 基于BIM技术的整体钢平台监测信息远程查看

基于WebGL和Html5技术，在浏览器端显示钢平台和监测系统的BIM模型，支持管理人员随时随地查看钢平台的结构体系，并在任意视角选择查看各个测点的监测数据，便于进行分析和管理工作。通过连接监测数据库，支持在BIM模型中显示各个测点的实时监测数据，直观形象，如图6-49所示。

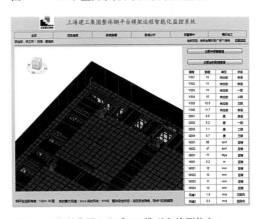

图6-49　在浏览器上查看BIM模型和检测信息

CHAP
7

第 7 章

数字化施工管理

7.1　施工进度数字化分析与优化

施工进度的编写、审核、对比和优化如今都可以通过BIM数字化技术实现。通过BIM技术，可以对施工方案进行逼真的模拟，查找在实际施工中可能碰到的问题，以此验证施工方案的可行性、合理性，并对不合理之处提出优化和改善建议供方案制定人员参考，达到优化施工方案、降低施工成本、加快施工进度、保证施工质量、提高建筑施工效率的目的。通过BIM技术，还能够逐步改变原有的施工方案编制思路和编制方法，由BIM模型先行，在模型上进行方案讨论，为施工方案的确定提供帮助。

虚拟施工技术体系流程如图7-1所示。从流程图中可以看出，虚拟施工技术应用包括三维建模、组装虚拟施工环境、定义各专业施工关系和预设先后施工顺序、进行施工过程模拟、对施工方案进行综合分析和最优方案判定等，涉及了项目参建方不同专业、不同人员之间的信息共享和协同工作[49]。

传统的工程建造从前期设计、中期施工到后期运维的全生命周期中，中期的施工阶段是整个建设周期中的核心阶段，工程能否顺利完成，很大程度上取决于施工流程和施工方案是否合理，资源配置能否保障工程顺利开展。对于那些复杂的超高层建筑，需要采用虚拟施工技术，通过施工方案的真实、全面模拟来帮助建设者解决施工流程优化、建筑构件碰撞等问题。

建筑工程应用虚拟施工技术，需创建三维数字化模型，模型包括建筑本身和环境信息，该模型中的构件为真实属性的建筑构件，与实际的建筑构件一一对应。工程总承包单位可从模型中生成二维图形信息及非图形化的工程项目相关数据信息，协调整个建筑工程项目信息管理，实现项目参建各方在设计、工作量、进度和运算方面的信息互通。

本节内容主要是结合BIM技术，通过Revit软件和Navisworks软件，对在建的上海中心大厦的部分施工过程进行

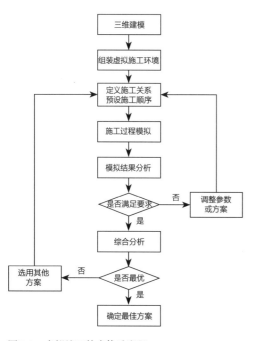

图7-1　虚拟施工技术体系流程

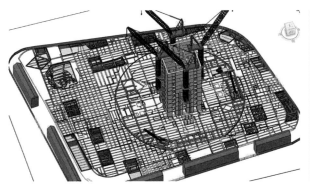

图7-2 基于BIM的施工现场

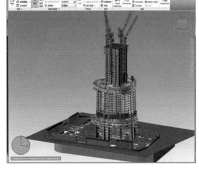

图7-3 施工模拟预演

了模拟，探讨了基于BIM的虚拟施工方案在建筑施工中的应用，如图7-2、图7-3所示。

上海中心大厦项目总承包单位主持了BIM技术的应用。在拿到BIM设计模型后，将设计模型按照各专业施工方的要求予以拆分并交专业施工方进行深化设计。各专业施工方完成深化设计后交还总承包单位，由总承包单位采用Navisworks软件对综合管线、隔墙位置、结构预留等进行碰撞校验，对查找出的问题提出修改意见，各专业施工方根据总承包单位意见不断深化、完善施工模型，编制完善可行的施工方案指导施工。另外，Navisworks软件还可以对模型进行实时的可视化漫游与体验；可以通过四维模拟，确定工程施工流程、各工作的持续时间及相互关系，反映各分部分项工程的竣工时间及预测进度，从而指导现场施工。

在工程项目施工过程中，各专业分包单位要加强BIM模型应用和维护，按要求深化和更新BIM模型，并提交相应的BIM技术应用成果。对于复杂的节点，除利用BIM模型检查施工完成后是否有冲突外，还要模拟施工安装的过程，避免后安装构/配件由于运动路线受阻、操作空间不足等问题而无法施工，如图7-4所示。

根据用Revit三维建模软件建立的BIM施工模型，构建合理的施工流程和材料进场计划，进而编制详细的施工进度计划，制定施工方案，便于指导工程施工[47]。图7-5所示即为上海中心大厦项目的部分施工进度计划图。

按照给定的施工进度计划，应用Navisworks软件来实现施工过程的三维仿真模拟。通过三维仿真模拟，提前发现机电管线碰撞、构件安装错位等可能遇到的各种问题，为调整和优化施工方案和施工进度计划提供参考，以便制定最佳施工方案和指导现场施工，从整体上提高项目的施工效率，确保施工质量，消除安全隐患，降低施工成本和时间消耗[49]。图7-6～图7-9所示即为三维施工进度模拟结果示意图。

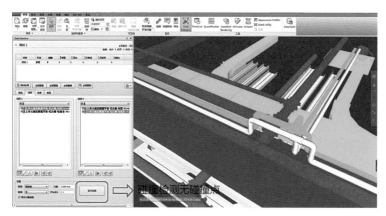

图7-4　模拟管线安装顺序查找潜在冲突

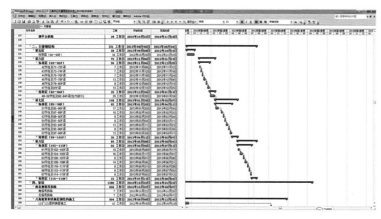

图7-5　进度计划模拟

图7-6　施工过程模拟效果图一

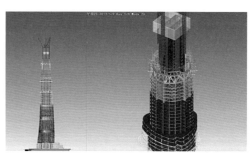

图7-7　施工过程模拟效果图二

图7-8　施工过程模拟效果图三

图7-9　施工过程模拟效果图四

7.2 施工方案三维可视化模拟分析

施工方案是施工组织设计的核心内容,施工方案制定的目的是合理安排施工流程,综合协调平衡施工措施、劳动力投入、材料和资金消耗等各方面的关系,在按期完成工程施工任务的前提下,力争做到资源消耗最少。目前建筑业中施工进度计划表达的传统方法,多采用横道图和网络图。但是除了专业人士,并不是所有项目参与者都能看得懂专业文案。受工程复杂程度和项目管理者工程经验的制约,传统工作方法虽然可以对工程项目前期制定的施工方案进行优化,但是优

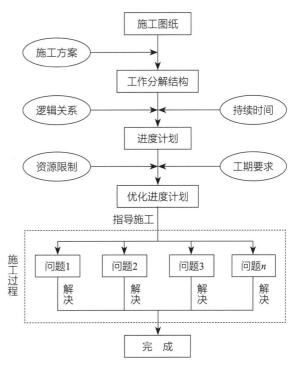

图7-10 传统施工管理的实施过程

化可能不充分,施工方案中仍可能存在没被发现的问题,当这些问题在施工过程中表现出来时,项目施工就会相当被动,甚至产生严重影响。如图7-10所示。

而直观的三维模型更加形象易懂。将设计阶段和深化设计阶段所完成的3D建筑信息模型,以及各类大型施工机械、大临设施、材料堆场等施工设施模型,附加时间维度,即构成4D施工模拟,按月、周、天的形象进度模拟施工进程,可以看作是甘特图的三维提升版。通过施工模拟,可以提前发现问题,并针对发现的问题调整施工方案和进度计划,从而保证项目顺利施工。当发生设计变更时,也可以快速地对进度计划进行同步修改,如图7-11所示。

借助于BIM三维信息化模型所包含的构件截面规格、材质和数量等信息,施工方可以生成与施工进度计划相匹配的材料和资金供应计划,并在施工前与业主和供货商进行协商沟通,可确保施工过程中资金及时到位,材料供应满足施工要求,避免因资金和材料的不到位而产生工程延误问题。

借助于BIM三维信息化模型,通过施工模拟的方法,总承包单位可以为各专业分包方提供良好的协调与支持,使得各专业分包方在同一区域、同一楼层交叉施

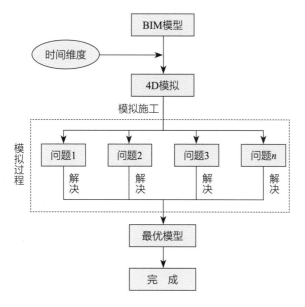

图7-11 基于BIM的4D模拟进度管理实施过程

工时的施工顺序以及施工区域不会产生碰撞，提高各自的工作效率，保证工程如期完成。

借助于BIM三维信息化模型做技术安全交底，可以改变传统施工方案交底方法，使方案实施者能够更全面、快速、准确地理解设计意图和施工方案要求，减少因信息传达错误或理解错误而带来的不应出现的质量和安全问题，加快施工进度，提高施工质量，使施工方案更有效地指导施工作业。

借助于BIM三维信息化模型，可以在虚拟环境中对项目的重点或难点部位如施工场布、施工流程等进行施工方案模拟，对一些复杂建筑体系如异形复杂结构的施工模板、节点连接，螺旋上升的幕墙玻璃装配、锚固以及新施工工艺技术环节的可建性进行论证，进而优化施工方案，方案论证及优化的同时也能帮助管理人员直观地把握实施过程中的重点和难点。

借助于BIM三维信息化模型，施工方可以在一个虚拟的施工过程中发现不同专业需要配合的地方，协调各专业分包方在正式施工前及早做出相应的调整，避免了各专业分包方在碰到问题后再现场协调，提高了工作效率。以工程材料进场安排为例，在材料进场前，事先确定进场路线，及早协调所涉及专业或承包商配合清除行进过程中的障碍；材料进场后，根据BIM模型的施工模拟过程确定材料的使用顺序、堆放场地位置和大小，避免各专业分包方因"抢地盘"而造成频繁协调的不良现象。

面对一些局部情况非常复杂的地方，例如多个机电专业管线汇集并行或交叉的地方，如图7-12所示，往往是谁先到谁先做，不管别的专业是否能够在本专业做完之后施工，以至于造成后到的施工专业无法施工，或已经安装的设备管线必须拆除，此类情况在实际工程中经常发生，确实增加了很多协调工作量和造成了极大的浪费。如果提前就运用BIM技术模拟节点施工先后顺序，则可提前告知所涉及专业需要注意的地方，通过各方协调和模拟的施工顺序有效地指导施工。

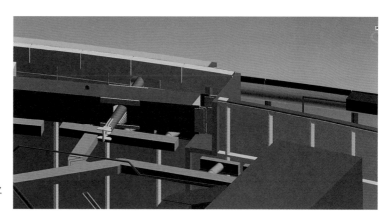

图7-12 结构与机电专业
交叉的局部节点

7.3 数字化材料采购管理和物流跟踪

7.3.1 工程材料设备运输管理

上海中心大厦工程建筑体量大、高度高,施工人员与材料运输量庞大。面对如此大量纷繁复杂的材料、种类繁多的施工单位,材料设备垂直运输的效率和完成情况直接影响工程的顺利实施。

若采用传统材料运输管理方式,效率相对低下,无法及时、准确、快速地跟踪材料的运输情况;材料的统计工作量大,差错跟踪追溯困难。传统的材料管理方法已无法满足上海中心大厦装修工程垂直运输管理的需要。与优化垂直运输方案,甚至增加垂直运输设备投入等方法相比,改变传统的简单管理模式,引入物流管理先进理念和方法,建立材料运输可视化管理系统可大大提升材料运输能力。

二维码技术目前已被广泛应用于生产制造业、物流业等多个行业,上海建工基于对二维码技术的研究,结合上海中心大厦工程庞大的材料设备,从下单采购到运输仓储,直至现场管理和施工的问题,总承包项目部创新性地引入二维码技术对材料和设备进行标记管理,二维码信息包括该货物的名称、数量、规格、材料编码、使用部位、生产单位和供应单位名称、出货日期、预计到达日期等,用于材料进出各级仓库、运输和使用的管理。

以二维码管理技术为核心的材料运输可视化管理系统的应用,可做到材料运输快捷流畅,满足现场施工要求;现场仓储无材料积压;施工电梯能最大限度地做到合理使用。各类数据的自动化采集,可有效避免手工输入可能造成的差错,提高录入数据的准确性和效率。采用电子化数据,还可以方便储存和日后查询,减轻工程管理者的工作难度,提高数据统计分析的效率[47]。

7.3.2 可视化物流智能管理

1. 物流智能管理流程

施工过程中涉及的材料众多，如何高效实现对材料运输的管理是物流管理的重要内容，也是总承包项目部需解决的关键难题。运用现代物流管理的理论和方法，通过有效规划、实施与控制过程，可以实现对物资流通的高效率、低成本流动和储存的管理目标。总承包项目部把可视化的智能管理方法应用于施工材料的物流管理中，构建起可视化物流智能管理系统。

可视化物流智能管理系统是提升上海中心大厦工程材料垂直运输效率的有效手段。要实现材料运输可视化的管理模式和方法，首先是建立材料信息数据库，包括材料的分类、编码、数量以及材料运输计划等各类信息，为材料管理和分析提供基础性数据。其次是根据材料是否采用二维码管理技术，严格执行材料运输管理申请、回执和三级仓储管理的工作流程，采集材料运输的实时信息；建立对数据库信息的多平台方式的查询、分析和处理功能，为材料运输管理提供重要依据，实现材料运输的可视化管理。工作流程详见图7-13。

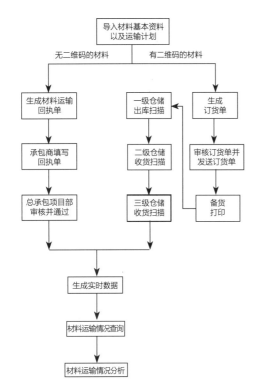

图7-13 工程总承包可视化物流智能管理系统工作流程图

可视化物流智能管理系统需通过数据服务器、二维码打印机、电脑、若干扫描终端及互联网设备等配套设施的使用，达到对材料运输管理的目的。扫描终端、二维码及现场材料使用情况如图7-14所示。

图7-14 扫描终端、二维码及现场材料使用情况

2. 物流智能管理系统的实施

总承包项目部利用二维码技术开发的工程总承包可视化物流智能管理系统不仅提高了材料运输的效率，也使得对材料使用和管理更规范化。可视化物流智能管理系统的具体实施流程如下。

（1）数据信息标准化

为了保证物流项目管理系统的顺利投入运行，总承包项目部规范了各个专业分包单位物流回执信息以及二维码信息。各专业分包单位需按照统一表格上报材料运输情况回执，回执分为两大类：电梯运输情况回执和塔吊运输情况回执，回执主要内容包括运送日期、运输方式、耗时、物件名称、到达楼层、数量等信息。施工计划及材料运输计划文件按标准化，统一采用Project文件或Excel形式。文件名称统一采用专业代码-单位代码-文件编号形式，专业名称采用固定的代码来标示。

（2）各专业材料设备梳理

可视化物流智能管理系统实施的基础是需要对各专业工程的主要材料和设备进行全面梳理和分析。材料清单的梳理不是包罗万象地将工程中的所有材料和设备纳入其中，而是结合施工工况和关键工序，将能反映工程主要进度和工作量的材料和设备进行筛选和提炼。

上海中心大厦工程涉及土建、钢结构、机电安装、内幕墙、裙房幕墙、装饰等各类专业，涉及各类专业分包单位，总承包项目部针对各大专业工程，对材料和设备按照区域、楼层、数量、编码进行了详细的分类和整理，将影响和制约工程进度的主要设备和材料提取出来，并且根据工序安排赋予其相应权重。以办公区装饰工程材料为例，遵循办公区装饰施工工序的原则，梳理出43种制约施工进度的主要材料和设备。

（3）信息采集

在将数据信息标准化和梳理了各专业的材料设备后，就需要对施工材料进行信息采集。信息采集严格按照材料设备的三级出库管理制度进行管理。例如，办公区装饰工程的立柱材料从工厂运出进行一级出库扫描，到达工地库房进行二级出库扫描，最后施工时楼层仓库出库进行三级出库扫描。图7-15所示为办公区装饰工程的立柱材料管理。

材料设备运输完毕，及时将数据上传至服务器，以保证材料设备运输状况的信息及时更新，便于数据分析和汇总。

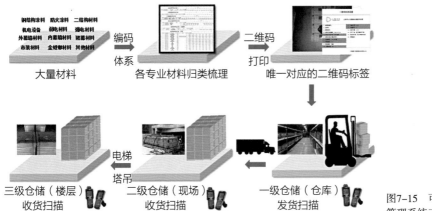

图7-15　可视化物流智能管理系统三级出库管理

（4）数据分析和处理

根据总承包管理的需求，在服务器数据库的基础数据完整的前提下，利用可视化智能管理系统对工程材料运输进行可视化和智能化的管理。

（5）可视化运输量分析

通过对材料和设备的二维码数据信息输入（图7-16），可以及时反映在可视化物流智能管理系统上，以进度形式反映每层各项材料设备总体的供应到位情况（图7-17）。通过查询材料和设备的总体情况，可以合理调配垂直运输资源，以满足与施工进度相匹配的材料和设备的供应计划。

（6）垂直运输工具运能数据分析和处理

根据对各专业工程及其单位的材料和设备的运输情况进行统计，可以对整个上海中心大厦工程施工的垂直运输资源进行分析和管理。

各单位通过在可视化物流智能管理系统中对各电梯（塔吊）使用进行申请（图

图7-16　材料输入界面情况

图7-17　某楼层各专业材料进度分析

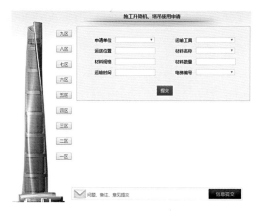

图7-18　各电梯（塔吊）使用申请

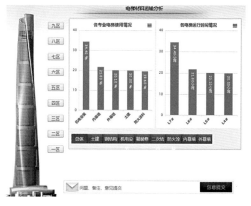

图7-19　各专业占用电梯（塔吊）时间分析

7-18），对电梯（塔吊）使用时间和效率等数据进行分析（图7-19），主要为合理分配垂直运输资源、施工电梯转换、永久电梯安装和塔吊的拆装等重大方案的决策，提供重要数据支持。

7.4　工程总承包协同管理系统

7.4.1　协同管理重难点

大型建设项目是一个复杂的开放系统，高效协调各利益相关方、确保项目信息沟通顺畅以及达到多目标协同优化，都是基于协同思想的具体体现。总承包管理下各主体间的协同管理、快速沟通，是实现总承包、总集成管理的基础。总承包项目部利用协同管理思想和方法，创建了上海中心大厦工程总承包"一呼百应"管理系统，增强了总承包项目部的总承包、总集成管理能力，适应了建筑业信息化应用的发展方向。

上海中心大厦工程作为世界瞩目的超级工程，不仅高度超高，体量超大，而且项目本身涉及业主、设计单位、监理单位、总承包单位、专业分包单位、各类供货单位等近百个参与方，在整个工程建造过程中参与各方需要就工程的设计问题、质量问题、安全问题和进度问题等进行密切的沟通、协商和管理。

随着上海中心大厦装饰工程的展开，除了土建、钢结构、粗装、机电安装、内幕墙、外幕墙、擦窗机等多家专业单位同时施工外，电动窗帘、标示标牌、室外景观绿化、泛光照明等几十家专业分包单位都陆续进场开展施工，总承包综合协调管理难题可想而知。通常情况下，每周仅总承包项目部各条线组织的例会就达30余次，各类专题协调会议20余次，每周所有会议提出的需要协调解决的问题300~400个。庞大的协调管理工作常常会出现各种问题，如未解决的问题被遗漏、已解决的问题未被明确或者未记录，造成沟通不畅或者信息流失；解决问题前准备不充分，导致反复多次开会或现场协调，管理效率低下；同类问题多次被提出，重复讨论浪费大量解决时间等。

据统计，工程建造中存在的问题2/3与信息沟通交流有关；信息沟通交流问题也会增加建设工程项目10%~33%的费用，约占工程总成本的3%~5%。信息沟通问题的表现形式有以下三点：

（1）信息沟通滞后。由于会议组织不及时、主体间地理位置较远，或者没有便捷的直接沟通方式，导致发现问题不能及时沟通和解决，产生不必要的损失。

（2）沟通效率低下。有近百家项目参建方参加的工地大型会议时间漫长、组织管理模式带来的信息传递较慢等造成的沟通效率低下。

（3）沟通信息遗失。工程中每天成千上万的沟通信息，容易被遗忘。已解决或已协调的事件信息找不到出处、责任方未处理或者总承包项目部未有效跟踪；未解决或未协调的事件信息没有及时跟进或者总承包项目部根本未知等。

数据采用信息化的综合手段是解决上述问题、提高管理工作效率的捷径。而建立项目参建各方的协同管理工作系统，以对施工现场实施及时、优化、高效的管理，是总承包项目部进行协同管理必须解决的关键难题。

传统的建筑施工模式造成设计、建造、施工和运营脱节，导致参建各方信息交流中形成信息断层和信息孤岛，严重影响了建筑全寿命周期内技术指标和经济指标最优化的实现。为了减少各参建单位的矛盾和隔阂，提高相互协同工作效率及契合度，针对上海中心大厦工程的特点开发了一个工程项目协同工作系统。目前，我国建筑工程管理协同工作系统的应用尚在起步阶段，尤其是针对大型建设项目的定制开发的协同工作系统仍然较少，与发达国家相比还存在一定的差距。在如今强调知识管理的信息化时代背景下，协同管理系统的应用成为企业进行信息整合、提高运行效率的必要手段。协同管理系统有三个方面的体现：①对企业信息的高度共享；②对企业中存在的各项业务进行整合；③对企业资源进行优化和合理配置。通过这三个方面为企业提供更好的沟通交流平台，解决协同管理的关键难题。

上海中心大厦工程总承包项目部开发的协同工作系统致力于在工程总承包管理架构下控制并推进各专业分包单位及各参建单位的共同工作，以实现对施工现场的"一呼百应"——及时、优化、高效的管理。该系统开发的意义在于：①保证上海中心大厦工程的施工进度；②建立一个大项目管理体系；③推动传统施工管理体系的数字化进程。

7.4.2 协同管理方案制定

针对总承包管理中的难题，为了实现高效协同管理、快速信息沟通，按照总承包项目部总集成管理的要求，结合在实际施工过程中遇到的各种问题，以及在发现、解决和协调这些问题中遇到的障碍，总承包项目部研制开发出了总承包"一呼百应"管理系统。

上海中心大厦工程总承包"一呼百应"管理系统架构如图7-20所示，管理流程如图7-21所示。该系统由企业EDS基础数据管理端、CMSC电脑客户端（图7-22）以及CMSM移动应用端（图7-23）三大部分组成，具有企业基础数据建立维护、移动终端和电脑终端互联互通、信息采集处理等功能[47]。

图7-20　上海中心大厦工程总承包项目部"一呼百应"管理系统架构图

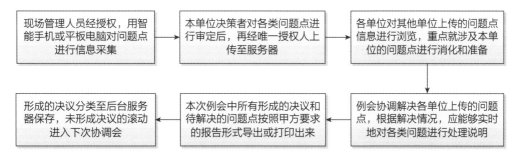

图7-21　上海中心大厦工程总承包项目部"一呼百应"管理系统管理流程

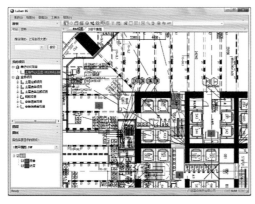

图7-22　CMSC电脑客户端

图7-23　CMSM移动应用端

应用"一呼百应"管理系统时，应先登录企业基础数据管理系统，创建各项目体组织机构及工程性质等基础数据，然后依据工程规模和总承包协同管理的实际情况，完善标签管理、照片标示、角色管理和用户管理等内容，为总承包"一呼百应"管理系统实施奠定基础构架。

项目各参建单位可利用电脑客户端和移动应用端登录系统进行图纸下载、数据采集和上传工作，还可通过移动终端现场拍照、上传、梳理施工中发现的问题，经会议集中讨论解决所上传的各类问题，通过系统及时生成会议纪要等书面文件，极大提高了各方解决问题的工作效率，实现了对施工现场及时、高效的管理。

7.4.3 协同管理系统实施

总承包管理的许多方面都应用了"一呼百应"管理系统，以装饰施工第10层样板层过程中各类问题协调为例展开说明。2013年初总承包项目部技术管理部和装饰工程部牵头组织土建、机电安装、粗装饰、精装饰、幕墙等单位，对办公区标准层精装饰施工展开研究。此时上海中心大厦核心筒已施工完成至七区，外围钢框架施工至六区，外围楼板已完成约71层，机电毛坯和砌体结构施工至五区，裙房地下室结构逆作法完成，裙房上部钢结构正在施工。

各参建单位在现场施工巡查等过程中，会将发现的现场问题或技术问题利用手机客户端进行拍照并通过软件中的选项设置给照片中的问题贴标签，如图7-24所示。在手机下载的图纸上相应位置取点，根据不同问题选择不同颜色并上传至数据库。

将涉及第10层的所有问题汇总并标示在图纸上，不同的颜色代表不同的问题（图7-25），各参建单位通过登录电脑客户端可以提前浏览所有问题并进行研究，可以利用微信群及时通知问题的相关各方。

图7-24 "一呼百应"管理系统照片标示

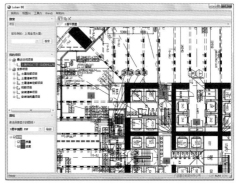

图7-25 "一呼百应"管理系统电脑客户端问题展示示意图

如此，专题会前的大量准备工作，将大大提高会议和解决问题的工作效率。通过颜色和样式标示，可以清楚判定10层都与哪些单位相关；哪些问题已经解决，是如何解决的；哪些问题还未解决，进展如何。专题会议结束可以通过"一呼百应"管理系统的电脑客户端自助生成专题会议报告和会议纪要，总承包项目部可以随时调出每层的图纸，获得反映本楼层的情况以及当时专题会议的会议纪要和报告等。

索 引

参考文献

［1］上海建工集团股份有限公司. 超级工程科技篇　上海中心大厦. 上海：上海人民出版社，2018.

［2］丁烈云，龚剑，陈建国. BIM应用·施工［M］. 上海：同济大学出版社，2016.

［3］Azhar S. Building Information Modeling（BIM）：Trends，Benefits，Risks，and Challenges for the AEC Industry［J］. Leadership Manage. Eng，2011，11（3）：241–252.

［4］龚剑，周虹. 上海中心大厦结构工程建造关键技术［J］. 建筑施工，2014，36（2）：91–101.

［5］赵民琪，邢磊. BIM技术在管道预制加工中的应用［J］. 安装，2012（1）.

［6］李耀良. 上海中心大厦试验桩施工技术［J］，岩土工程学报，2010，32（增刊2）：379–382.

［7］吴洁妹. 上海中心大厦超深钻孔灌注桩施工技术［J］，建筑施工，2010，32（4）：311–312.

［8］甄精莲. 基于ABAQUS的深基坑变形三维有限元分析［D］. 南华大学，2007.

［9］陆新征，宋二祥，吉林等. 某特深基坑考虑支护结构与土体共同作用的三维有限元分析［J］. 岩土工程学报，2003（4）：488–491.

［10］施占新. 深大基坑考虑动态施工的数值模拟与参数反分析研究［D］. 南京：东南大学，2007.

［11］应宏伟，郭跃. 软土深基坑分段施工效应三维有限元分析［J］. 岩石力学与工程学报，2008：3328–3334.

［12］金小田，张小敏. 虚拟现实技术在建筑方案优化设计中的应用［J］. 建筑科学，2004，12（4）：67–69.

［13］彭曙光. 虚拟现实技术在地下工程设计中的应用［J］. 山西建筑，2004，16（1）：225–226.

［14］仇玉良，黄嫚，王柱，等. 3D GIS地下工程数字化信息系统研究与实现［J］. 地下空间与工程学报，2012（8）.

［15］黎磊锋. 饱和软土中双排桩桩间土加固对其支护效应的影响分析［D］. 广州：广东工业大学，2018.

［16］董文澎，朱合华，李晓军，等. 大型基坑工程数字化施工仿真方法研究与应用［J］. 地下空间与工程学报，2009.

［17］王美华，李荣帅，张文泽. 大型总承包企业项目远程监控系统的开发与应用［J］. 建筑技术开发，2016.

［18］肖惠亮. 宁波地铁安全管理信息系统的研究与开发［D］. 上海：复旦大学，2011.

［19］周云，许永和，吴德龙. 混凝土泵送阻力计算及其误差分析［J］. 科学研究，2017,39（11）：1695-1698.

［20］贾宝荣，陈晓明. 上海中心大厦钢结构工程施工创新技术［J］. 建筑施工，2015，44（20）：11-17.

［21］孟凡全. 超高层建筑钢结构焊接机器人技术应用［J］. 金属加工（热加工），2014.

［22］杨志强. 大型复杂工程的一体化技术应用管理研究［J］. 建筑施工，2016，38（8）：1159-1160.

［23］贾宝荣. BIM技术在上海中心大厦工程中的探索应用［J］. 施工技术，2014（43）：254-258.

［24］苏培红. 上海中心大厦钢结构深化设计与外幕墙钢结构支撑系统的合理配合和节点创新［J］. 建筑施工，2014，36（7）：827-829.

［25］陈晓明，贾宝荣等. 摆式电涡流调谐质量阻尼器的施工方法及施工装置：中国，ZL 201510375595.3［P］. 2017-8-25.

［26］贾宝荣，陈晓明等. 质量箱系统及其施工方法和调谐质量阻尼器的施工方法：中国，ZL 201510374168.3［P］. 2017-6-27.

［27］周绪红，黄湘湘，王毅红，等. 钢框架—钢筋混凝土核心筒体系竖向变形差异补偿对结构性能的影响［J］. 土木工程学报，2006（4）.

［28］郑七振，康伟，吴探，等. 高层混合建筑结构竖向变形差计算分析［J］. 建筑结构，2011-08.

［29］牟永来. 上海中心超高层建筑柔性玻璃幕墙施工［J］. 上海建设科技，2013（1）：27（30）.

［30］龚剑，房霆宸. 数字化施工［M］. 北京：中国建筑工业出版社，2018.

［31］贾宝荣，吴欣之等. 免结构加固的大型爬升塔吊外挂支承装置［J］. 建筑施工，2015，37（9）：1099-1102.

［32］宋胜录，钱耀辉等. 上海中心大厦工程M1280塔吊爬升框应力监测［J］. 建筑施工，2013（9）：835-837.

［33］李磊. 在超高层建筑立面大幅收缩环境下的塔吊置换及拆除［J］. 建筑施工，2016（3）：

319–320.

[34] 贾宝荣，陈晓明等．幕墙钢支撑结构及其施工方法和施工用升降设备：中国，ZL 201210402607.3［P］. 2014–12–10.

[35] 贾宝荣，罗魏凌等．用于悬挂钢结构体系施工的操作平台及其操作方法：中国，ZL 201210402323.3［P］. 2015–4–22.

[36] 贾宝荣．柔性悬挂式幕墙钢支撑结构施工关键技术［J］. 建筑施工，2017，39（10）：1505–1508.

[37] 贾宝荣，罗魏凌等．大型整体悬挂式升降平台在吊挂钢结构工程中的应用［J］. 建筑施工，2015，37（7）：837–840.

[38] 清华大学BIM课题组，互联立方（isBIM）公司BIM课题组．设计企业BIM实施标准指南［M］. 北京：中国建筑工业出版社，2013.

[39] 中华人民共和国建设部．钢结构设计规范 GB 50017—2003［S］. 北京：中国计划出版社，2003.

[40] 中华人民共和国住房和城乡建设部．建筑结构荷载规范 GB 50009—2012［S］. 北京：中国建筑工业出版社，2012.

[41] 中华人民共和国住房和城乡建设部．整体爬升钢平台模板技术标准 JGJ 459—2019［S］. 北京：中国建筑工业出版社，2019.

[42] 龚剑，朱毅敏，徐磊．超高层建筑核心筒结构施工中的筒架支撑式液压爬升整体钢平台模架技术［J］. 建筑施工，2014（1）：33–38.

[43] 龚剑，李增辉，施雯钰，等．整体钢平台模架装备液压同步顶升性能分析［J］. 建筑施工，2014（4）：378–382.

[44] 王小安，梁颖元，李阳，等．筒架与筒架交替支撑式液压爬升整体钢平台模架设计计算分析［J］. 建筑施工，2014（4）：383–389.

[45] 秦鹏飞，王小安，穆荫楠，等．钢梁与筒架交替支撑式整体爬升钢平台模架的模块化设计及应用［J］. 建筑施工，2018（6）：919–921，932.

[46] Eastman C，Teicholz P，Sacks R，et al. BIM Handbook：a Guide to Building Information Modeling for Owners，Managers，Designers，Engineers，and Contractors［M］. 2th Ed . Hoboken：John Wiley & Sons，Inc.，2011.

[47] 龚剑，房霆宸．基于全面信息化的上海中心大厦工程建造管理研究与实践［J］. 工程管理年刊，2017.

[48] 程曦．RFID应用指南：面向用户的应用模式、标准、编码及软硬件选择［M］. 北京：电子工业出版社，2011.

[49] 李建平，王书平，宋娟．现代项目进度管理［M］. 北京：机械工业出版社，2008.

[50] 钱苏．BIM技术在施工中的应用［J］. 城市建筑，2013（4）.